Zahlen bis 6

1  ☐  ☐  ☐  ☐

2

3
 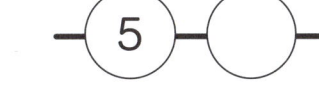 

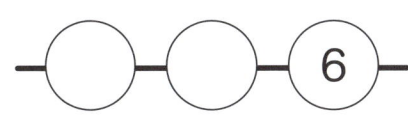  

4 Ordne.

| 5 | 3 | 6 | 0̸ | 1 | 4 |

0,

| 3 | 6 | 1 | 4 |

| 0 | 5 | 2 | 4 |

5 Vergleiche. >, < oder =?

4	>	2
3		6
1		0

2		2
4		0
5		6

4	>	
3	<	
	=	

	>	2
	<	6
	>	

6
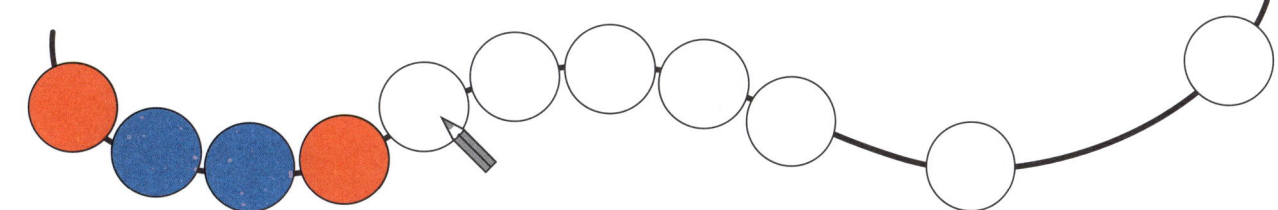

6 eigene Gestaltungsvariante finden und evtl. begründen, fehlende Perlen eingefügen

Addieren bis 6

1

$2 + 4 =$ $+ \ =$

2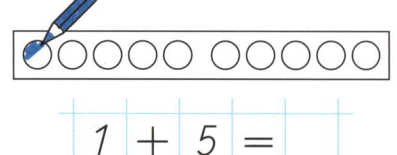

$1 + 5 =$ $2 + 3 =$ $2 + 2 =$

$5 + 1 =$ $3 + 2 =$ $+ \ =$

3
$4 + 0 =$ $3 + 3 =$ $6 + 0 =$
$4 + 1 =$ $3 + 2 =$ $5 + 0 =$
$4 + 2 =$ $3 + 1 =$ $4 + 0 =$

4

$2 + 3 + 1 =$ $1 + \ + 1 =$

5

6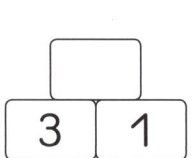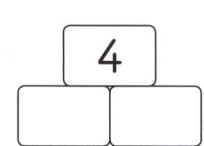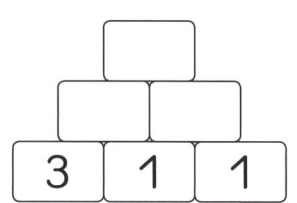

Subtrahieren bis 6

1 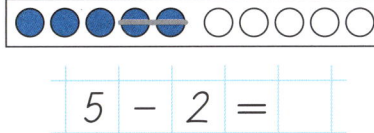   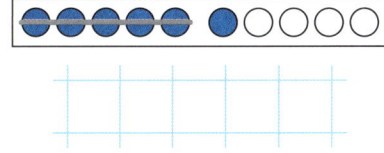

$5 - 2 =$ $- \quad =$

2 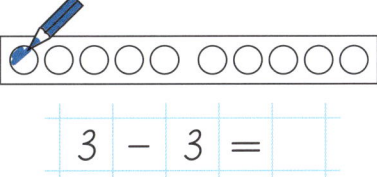   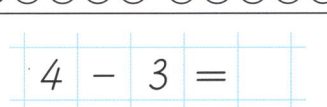

$3 - 3 =$ $4 - 3 =$ $5 - 3 =$

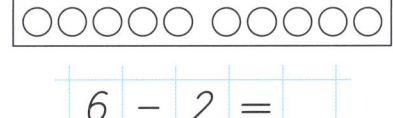   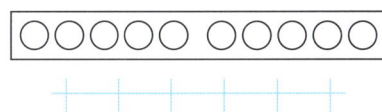

$6 - 0 =$ $6 - 2 =$ $- \quad =$

3    

$6 - 6$ $5 - 4$ $4 - 2$ $6 - 3$ $5 - 0$ $6 - 2$

4
$4 - 0 =$ $6 - 3 =$ $6 - 5 =$
$4 - 1 =$ $5 - 3 =$ $6 - 3 =$
$4 - 2 =$ $4 - 3 =$ $6 - 1 =$

5       

$- \quad =$ $+ \quad =$

Zahl 7

Ein Strich nach rechts – nach unten,
in der Mitte schieben – das ist die Sieben.

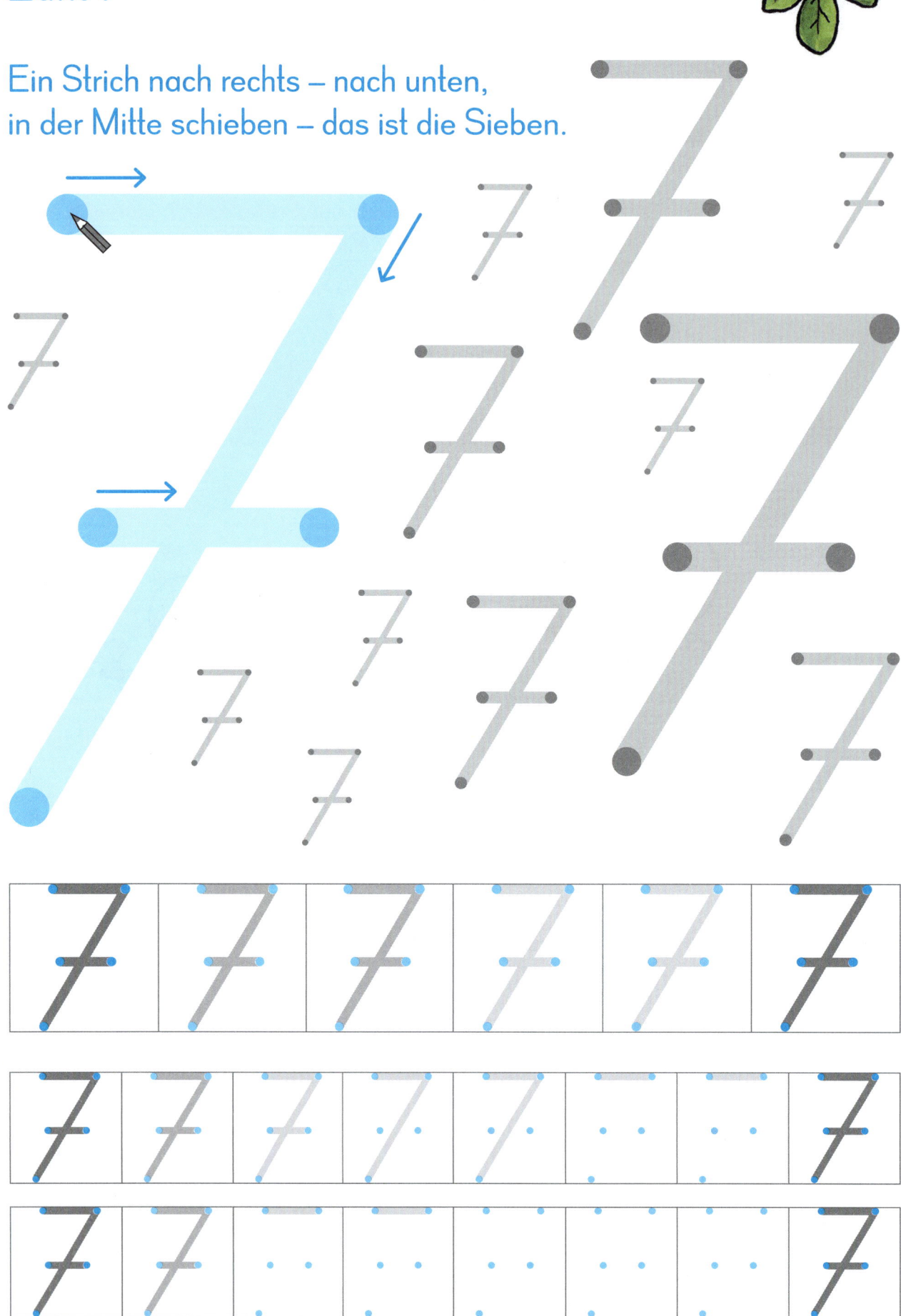

▶ 📖 Seite 4

1 Immer 7

2 Ergänze zu 7.

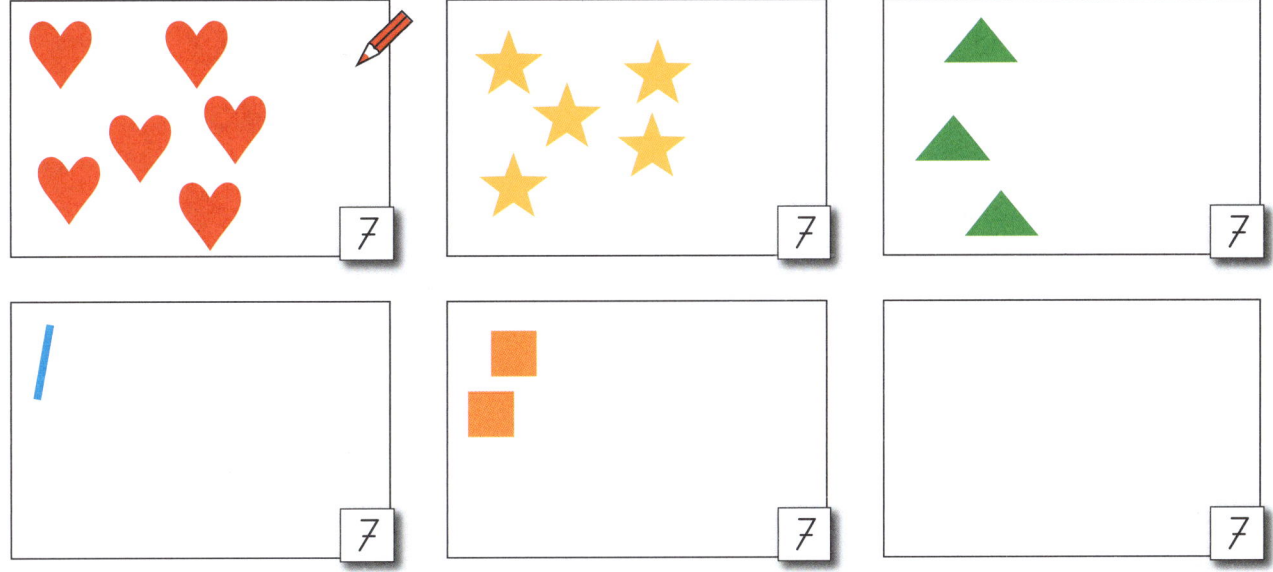

3 Setze fort.

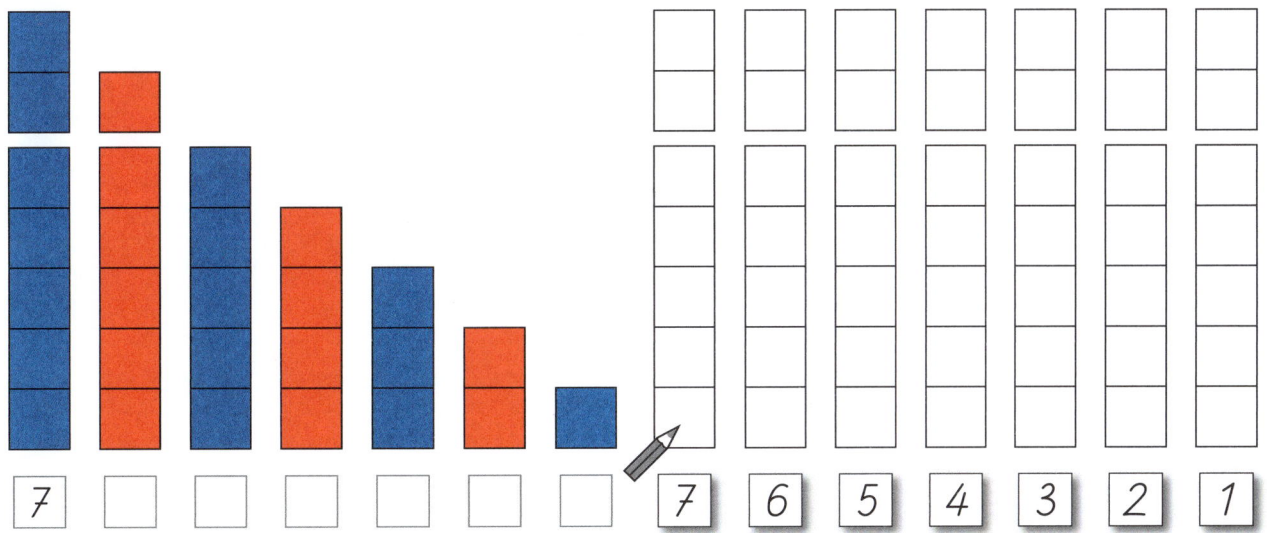

Zahl 8

Mit Schwung herum –
ein dicker Bauch, so geht die Acht auch.

▶ Seite 5

1 Immer 8

2 Ergänze zu 8.

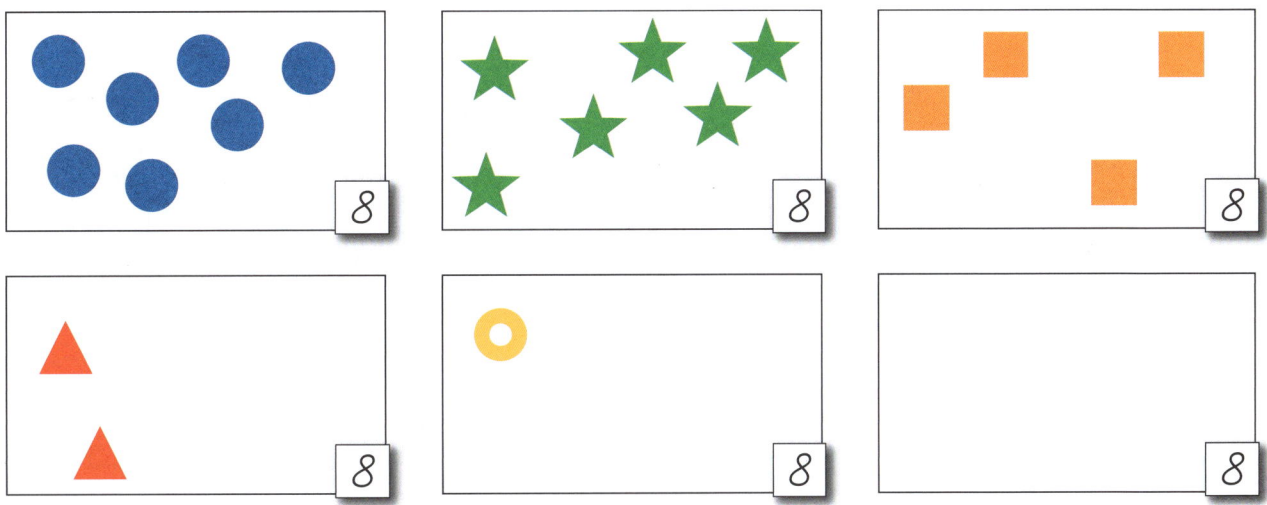

3 Male immer 8 an.

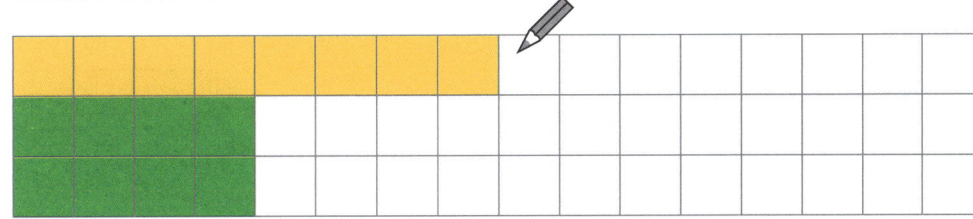

4 Ordne zu.

6

7

5

8

Zahlzerlegungen mit 7 und 8

1 Würfle immer 7.

| 2 | 5 | | | | 3 | | | | |

2

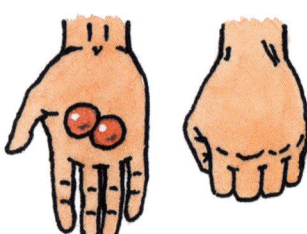 　 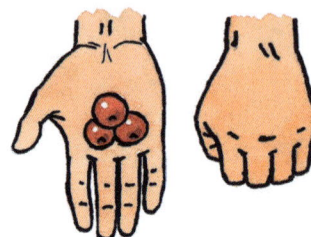 　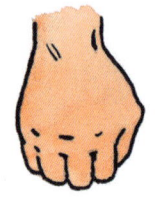

8	
2	

8	

8	

3

7	
4	
	1
0	

7	
7	
	2

8	
4	
	7
5	

8	
	8
6	

4

3	4

2	5

7
1	

7
	0

4	4

5	3

8
0	

8
	2

⭐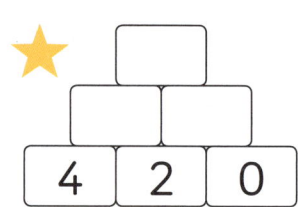

| | |
| 4 | 2 | 0 |

▶ Seite 6

Zahl 9

Nach links im Kreis – halt,
nach unten und rum.
Ich kann mich freun, das ist die Neun.

1 Immer 9

2 Ergänze zu 9.

3

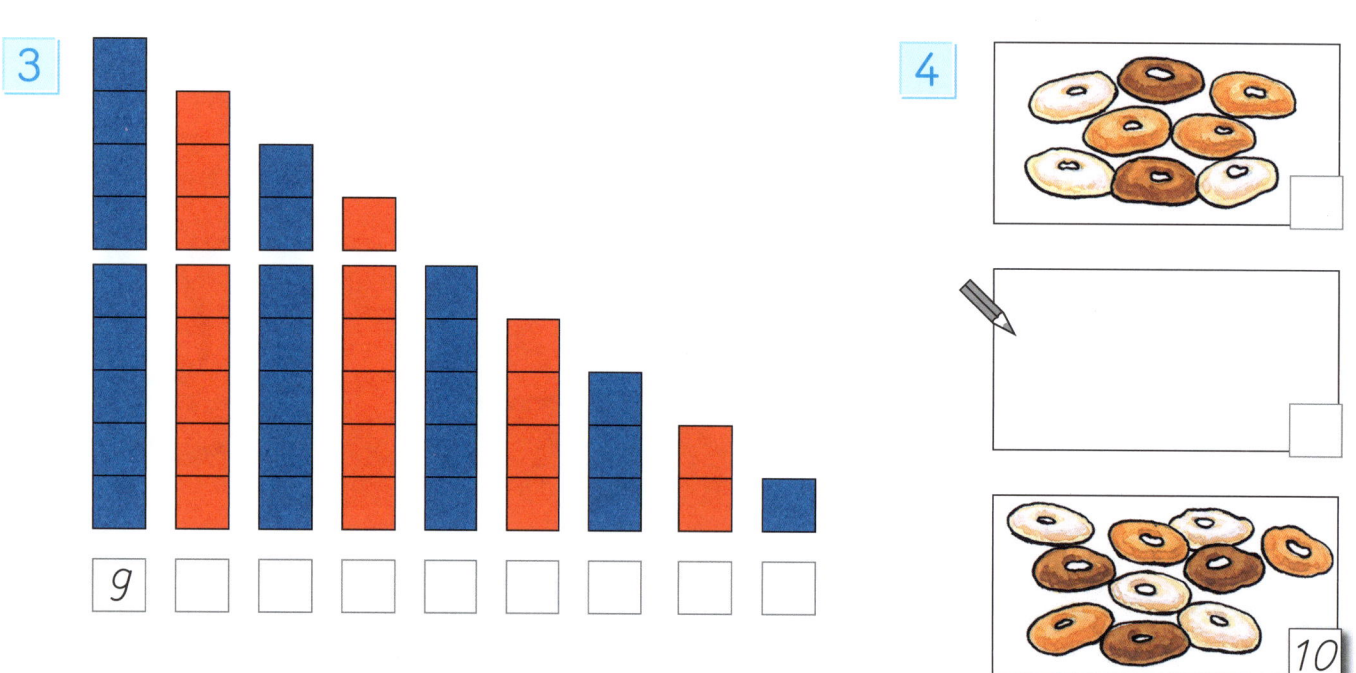

5 Zahlenfolgen

| 5 | | | | 9 |

| 9 | | | | | 4 |

▶ Seite 7

Zahl 10

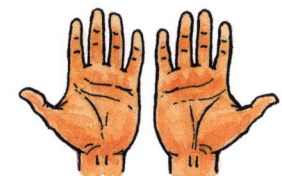

Wenn 1 und 0 zusammengehn,
ergibt es die Zehn.

10 10 10 10

10

10

10 10 10

| 1 | 0 | | | | | | | 1 | 0 |
| 1 | 0 | | | | | | | 1 | 0 |

| 0 | 1 | 2 | | 5 | | | 9 | |
| 1 | 0 | | 7 | | | 2 | |

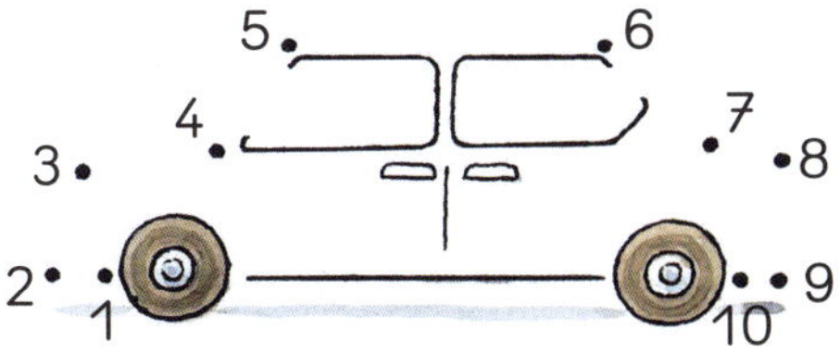

▶ 🔖 Seite 8

1 Immer 10

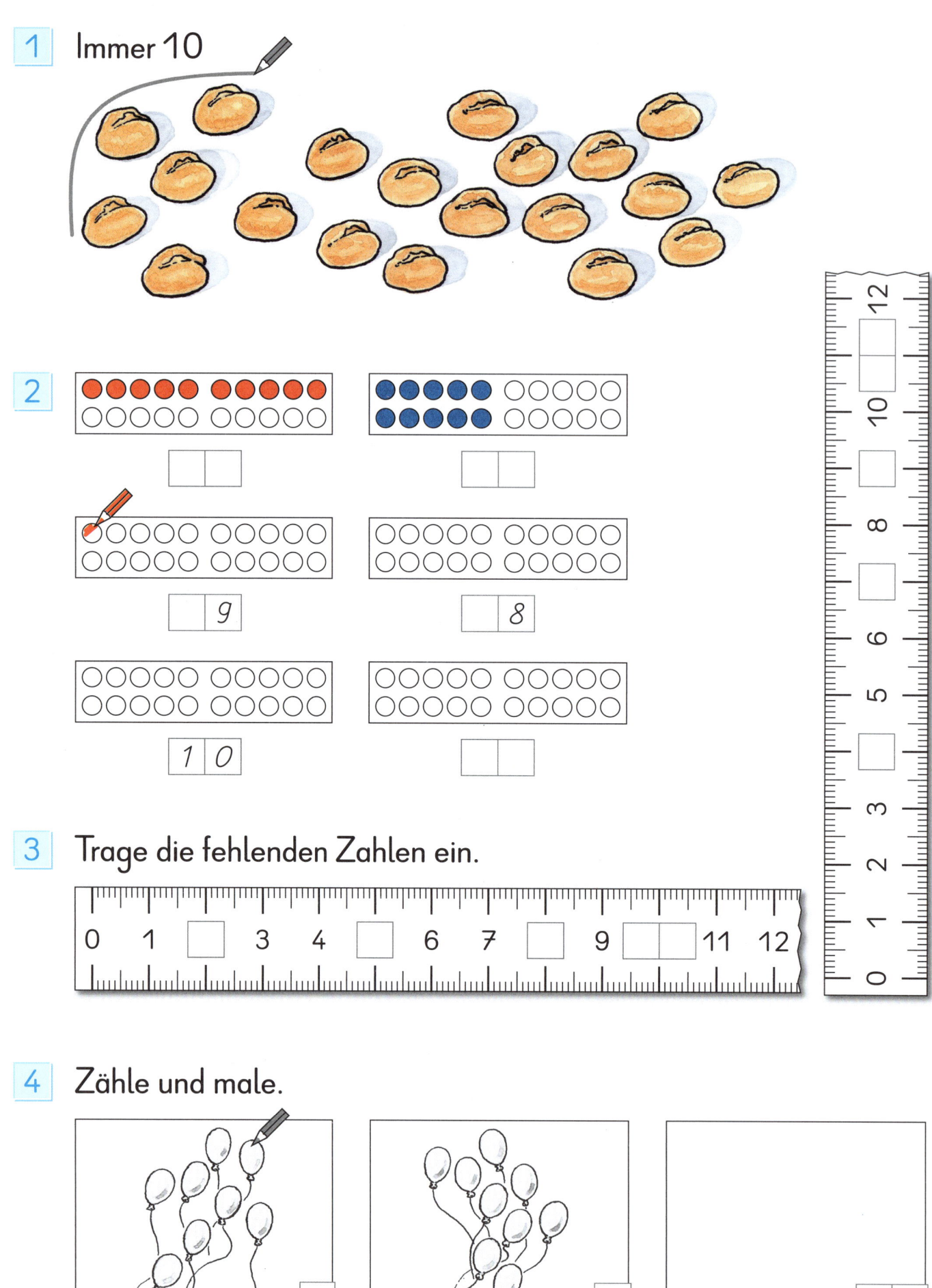

2

	9

	8

1	0

3 Trage die fehlenden Zahlen ein.

0 1 ☐ 3 4 ☐ 6 7 ☐ 9 ☐ ☐ 11 12

4 Zähle und male.

▶ Seite 8

Zahlzerlegungen mit 9 und 10

1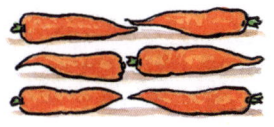

9 = 5 + ☐   1 0 = ☐ + ☐

2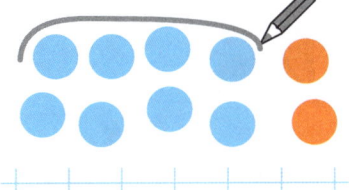

1 0 = 6 + ☐   ☐ = ☐ + ☐   ☐ ☐ ☐

3    ⭐

9 = ☐ ☐   ☐ ☐ ☐ ☐

4

9	
8	
	6
0	

9	
	5
2	
	3

10	
5	
	8
3	

10	
	6
9	
	10

5

9 = 2 +   1 0 = 8 +   3 + ☐ = 1 0
9 = 1 +   1 0 = 7 +   4 + ☐ = 1 0
9 = 0 +   1 0 = 6 +   ☐ + 5 = 1 0

6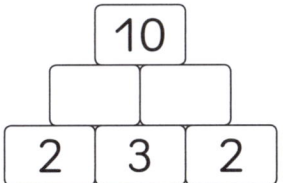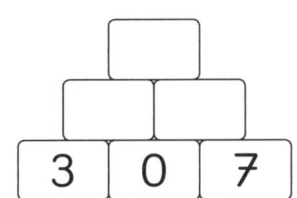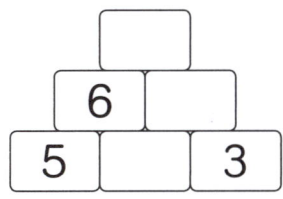

▶ 📖 Seite 9

Ordnungszahlen

1

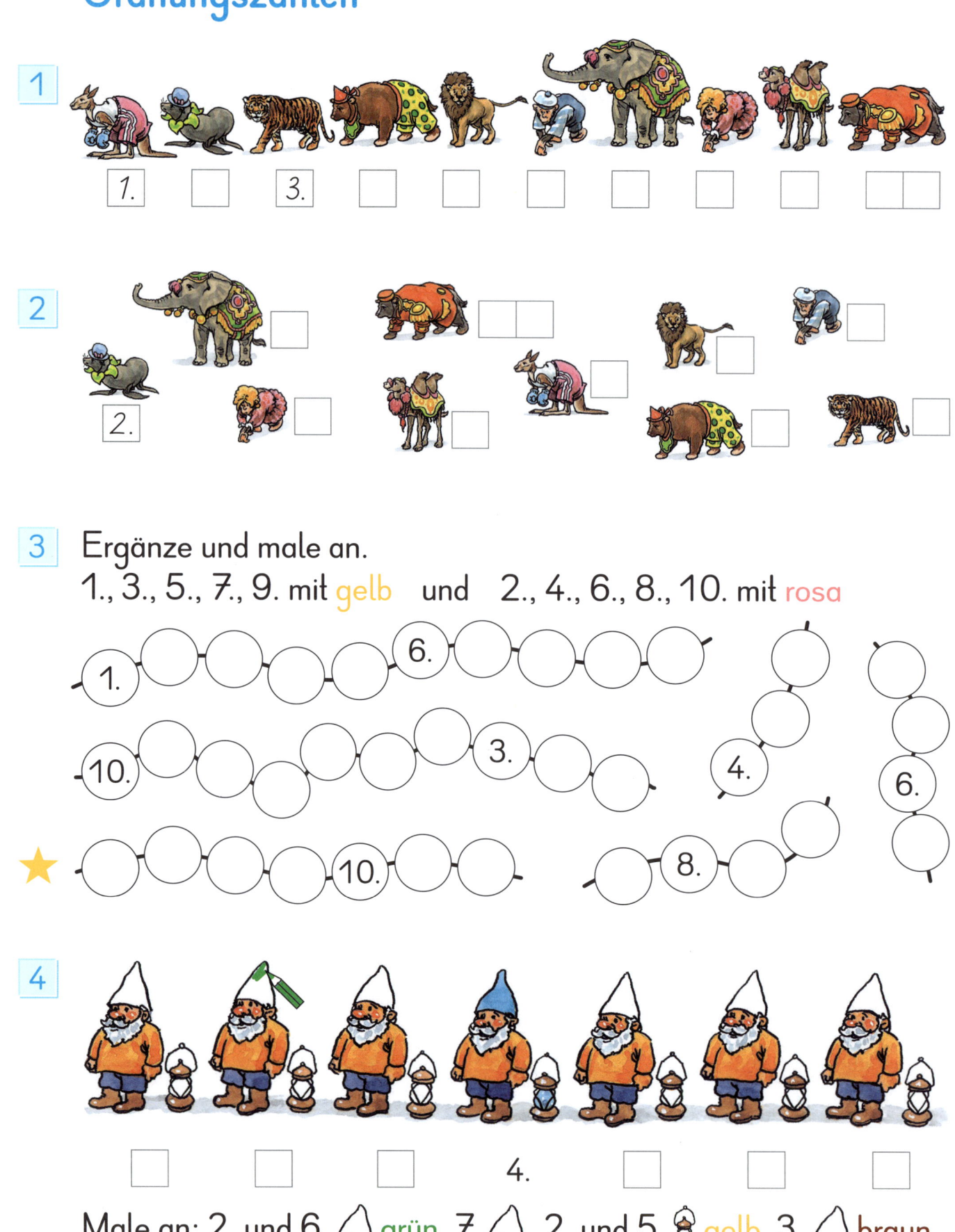

1. ☐ 3. ☐ ☐ ☐ ☐ ☐ ☐ ☐ ☐

2

2. ☐ ☐ ☐ ☐ ☐ ☐ ☐ ☐ ☐

3 Ergänze und male an.
1., 3., 5., 7., 9. mit gelb   und   2., 4., 6., 8., 10. mit rosa

1.   6.

10.   3.   4.   6.

★   10.   8.

4

4.

☐ ☐ ☐ ☐ ☐ ☐

Male an: 2. und 6. △ grün, 7. △, 2. und 5. 🏮 gelb, 3. △ braun,
3. und 6. 🏮 rot, 1. und 5. △ lila, 1. und 7. 🏮 blau

▶ 📖 Seite 10

Größer, kleiner, gleich

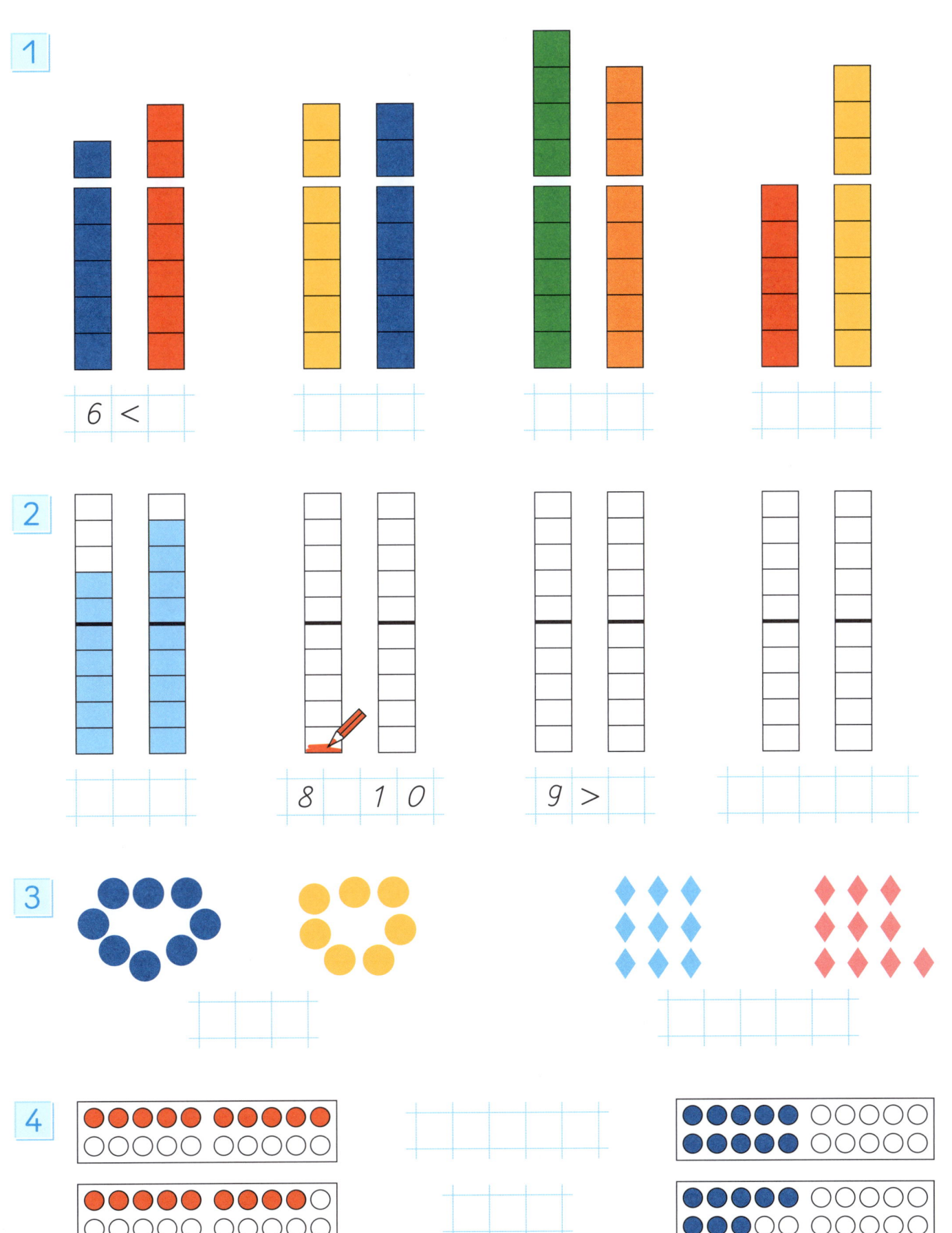

1

6 <

2

8   1 0   9 >

3

4

1

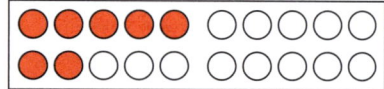  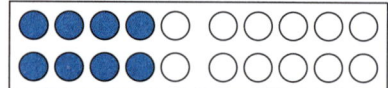

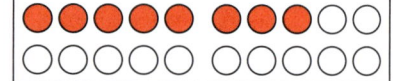

2

6	<		8
7			5
5		1	0
9			6
8			0

9		1	0
8			7
4			8
5			2
1	0	1	0

1	0		6
	0		6
	9		9
	3		8
	7		4

3

7 > ☐   9 > ☐   ☐ < 10

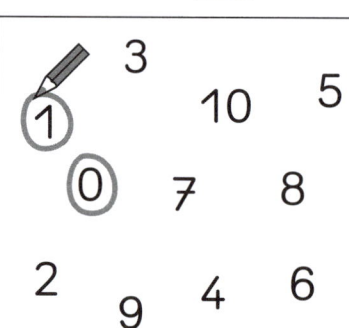

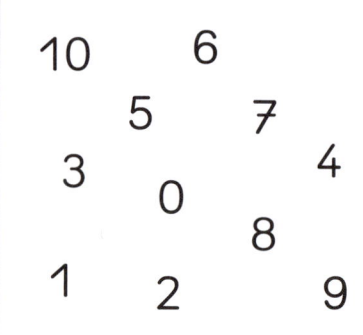

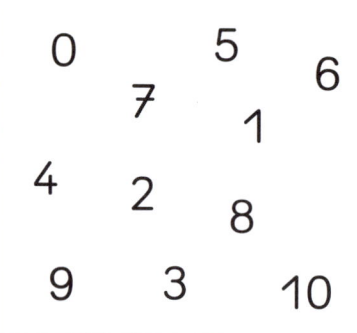

4

7 < ☐   9 < ☐   6 < ☐

5

1	0	=		
1	0	>		
		>		8

8	<	
7	>	
0	<	

★		>	
		=	
		<	

▶ Seiten 11/12

Vorgänger und Nachfolger, Nachbarzahlen

1 Ergänze.

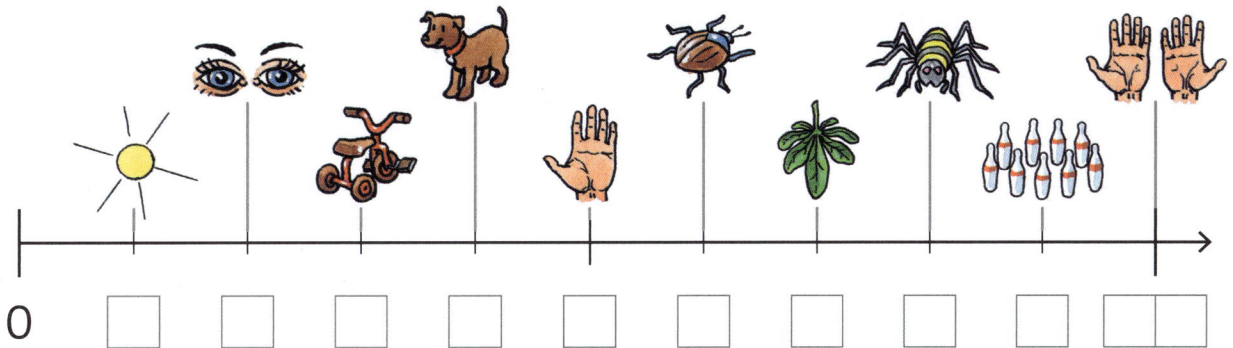

0 □ □ □ □ □ □ □ □ □ □□

2 Ordne.

6,

3 □—5—□ 6—□—8 □—9—□ 5—□—□

7—□—□ □—□—8 □—6—□ ⭐ 10—□—□

4 4—□—□—□—9 □—□—6—□—□

□—□—□—8—□—□ □—□—□—□—□—□

5 Trage ein. ⃫, 8, 3, 6, 9

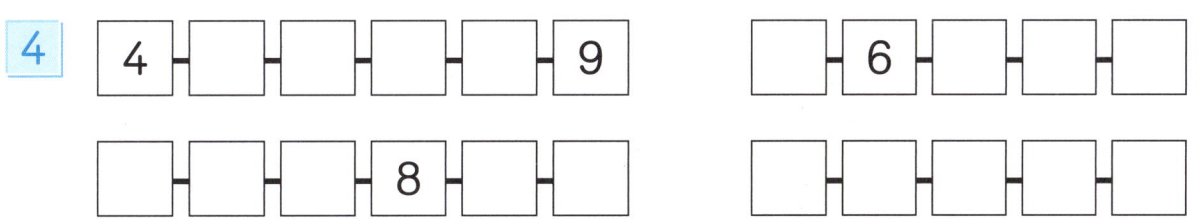

0   4   5   10

▶ 📖 Seite 13

Eigenschaften von Körpern

1 Umfahre jede Seite
einer Streichholzschachtel.
Was fällt dir auf?

2 Welche Fläche gehört zu welchem Körper? Male an.

► Seiten 14/15

1 Zähle.

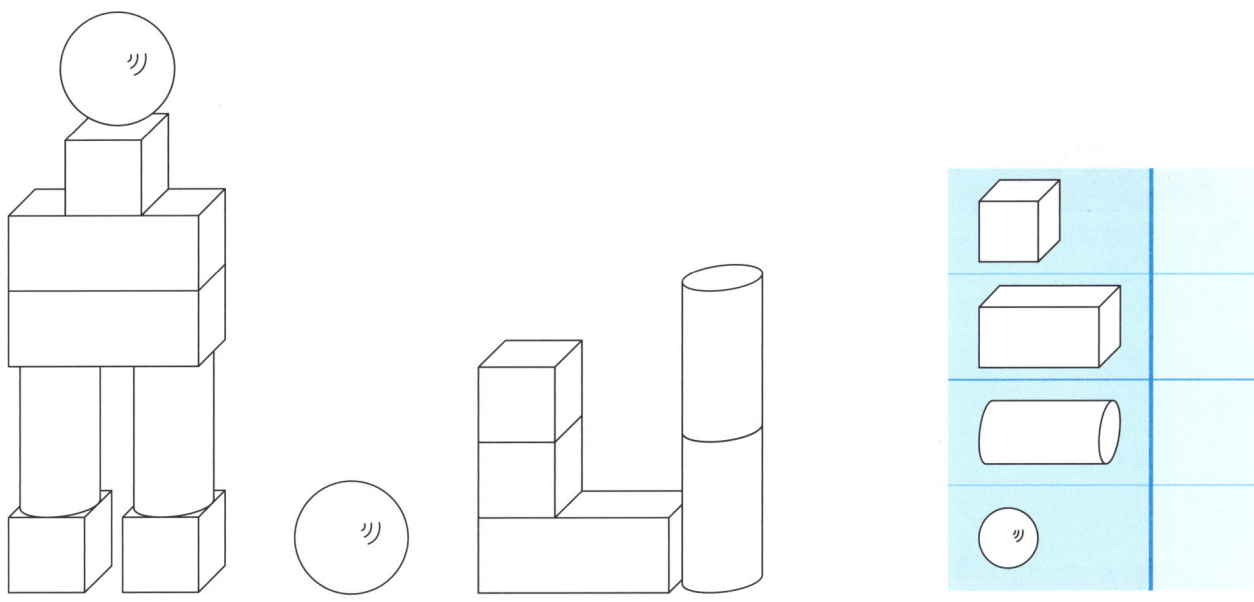

2 Baue aus Knetmasse, Streichhölzern und Schaschlikstäben.

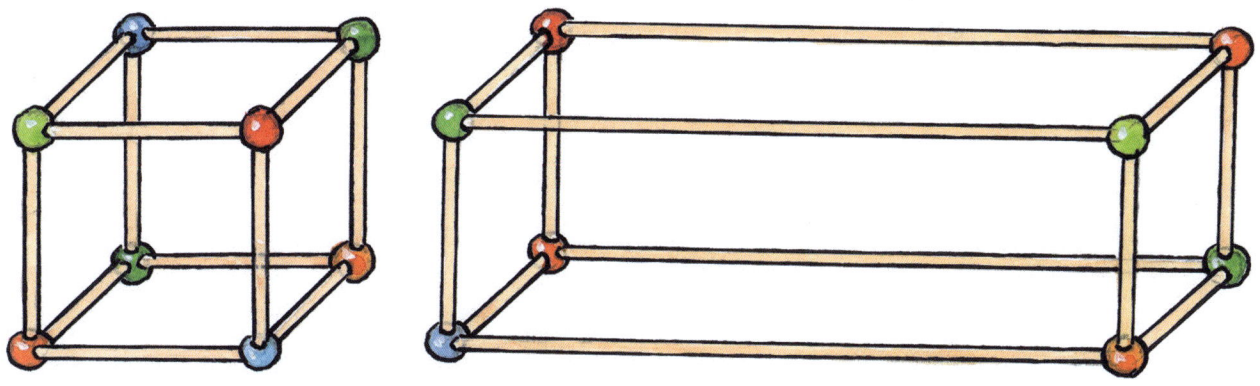

3 Zähle.

	Ecken	Kanten	Flächen

▶ 🗍 Seiten 14/15

Rechengeschichten bis 10

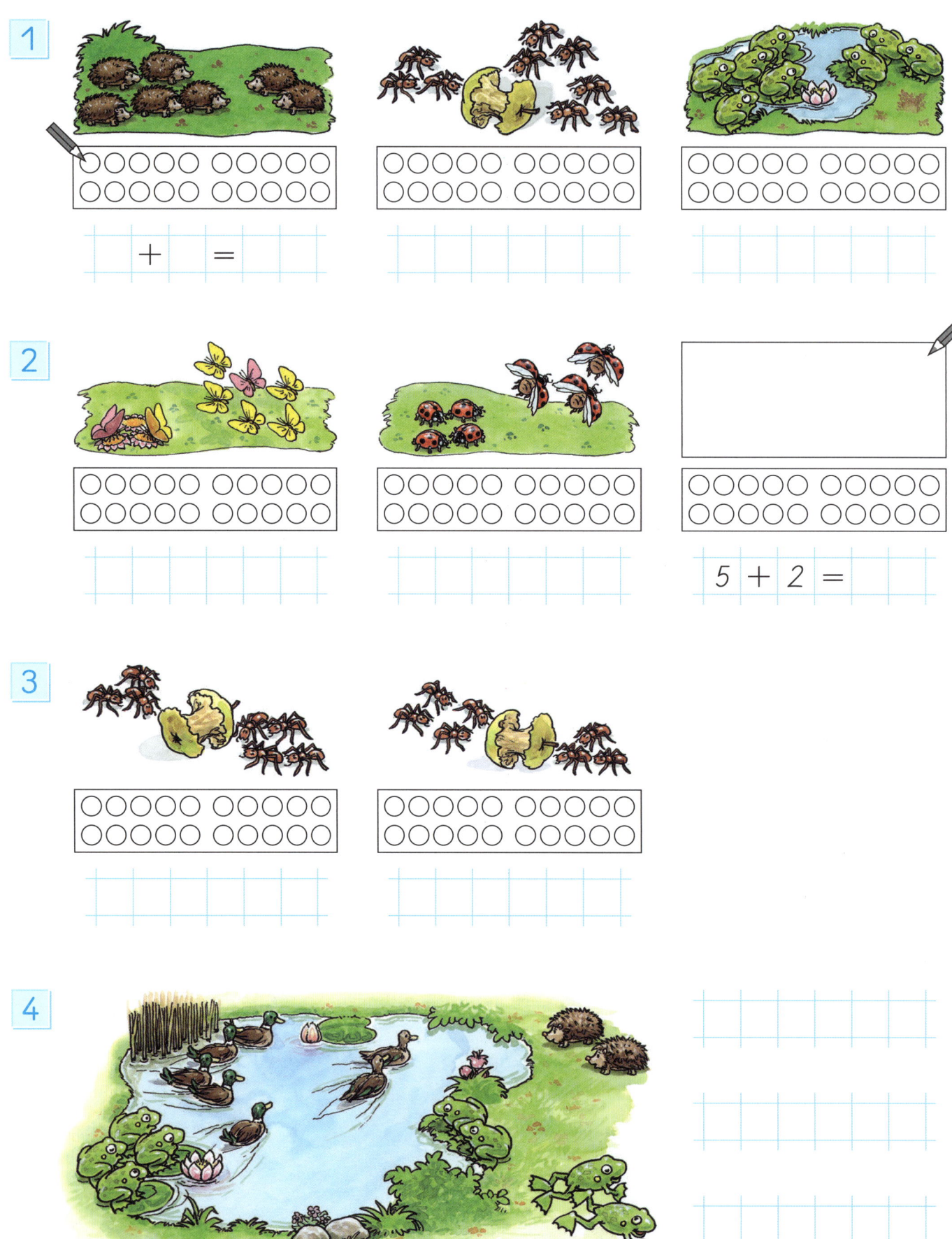

1

2

    5 + 2 =

3

4

1 — =

2 1 0 − 4 =

3

4

▶ Seite 16

Addieren bis 10

1

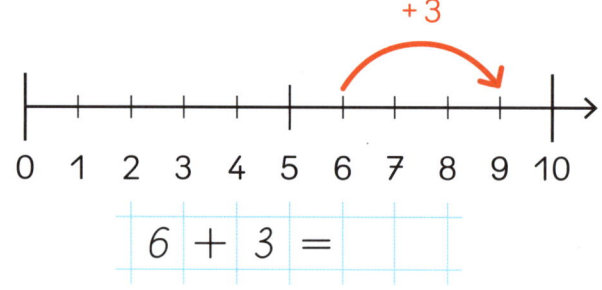

6 + 3 =

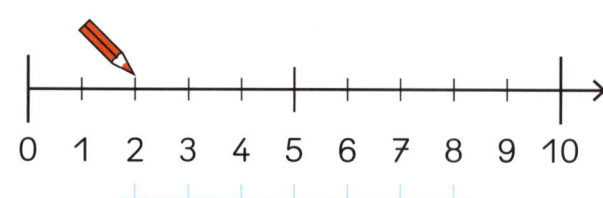

2 + 5 =

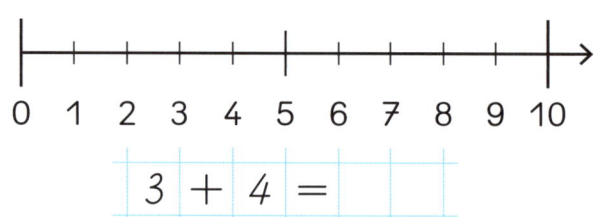

3 + 4 =

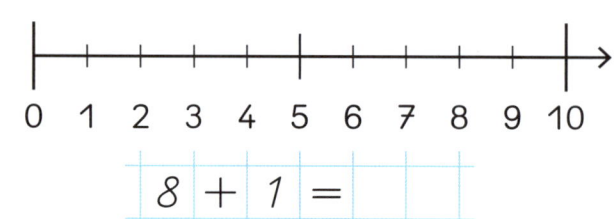

8 + 1 =

2

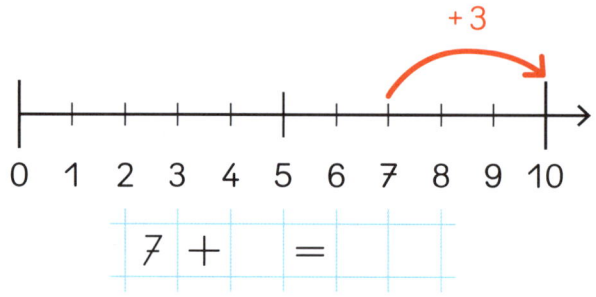

7 +   =

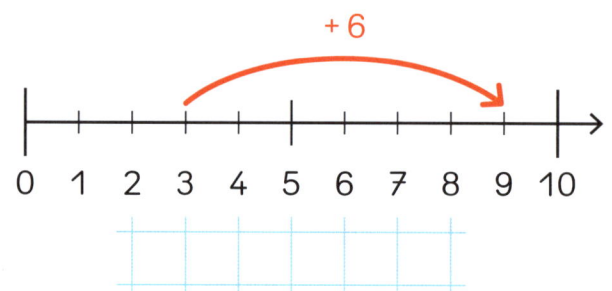

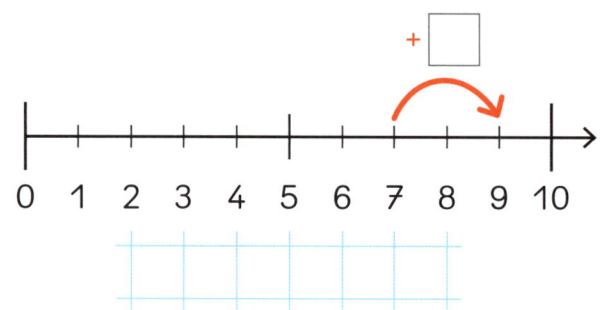

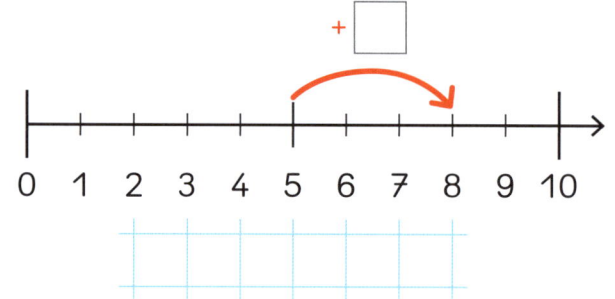

3

2 + 3 =	6 + 4 =	7 + 3 =
4 + 4 =	5 + 2 =	3 + 7 =
5 + 5 =	2 + 8 =	7 + 1 =
7 + 2 =	1 + 9 =	1 + 7 =
0 + 7 =	8 + 0 =	1 0 + 0 =

▶ Seite 17

1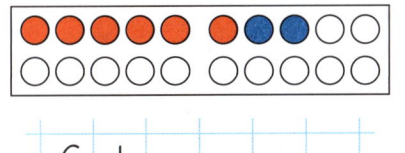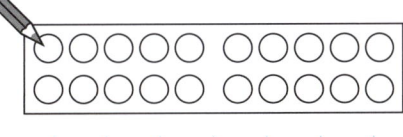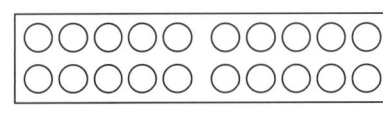

6 + ⬚ = ⬚ 6 + 4 = ⬚ 5 + 3 = ⬚

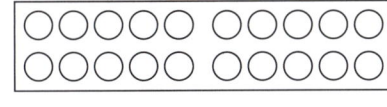

2 + 7 = ⬚ 0 + 8 = ⬚ 3 + 5 = ⬚

2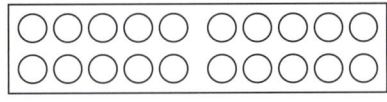

1 0 + 0 = ⬚ 9 + 1 = ⬚ 5 + 5 = ⬚

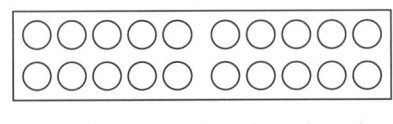 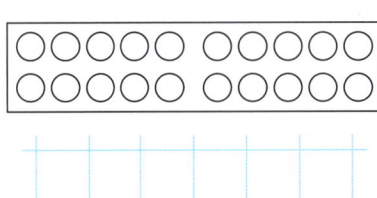

8 + ⬚ = ⬚ 7 + ⬚ = ⬚

3

 8
 9
🔴 10

(7 + 3) (4 + 6) (5 + 3) (6 + 2) (8 + 1)

(5 + 4) (7 + 1) (5 + 5) (1 + 9) (0 + 8)

4

7 + 3 =
4 + 5 =
9 + 1 =

0 + 7 =
5 + 4 =
5 + 2 =

3 + 3 =
2 + 7 =
1 0 + 0 =

▶ 📖 Seite 17

1

2

6 + 0 =	1 + 5 =	⭐ 3 + 2 + 5 =
6 + 1 =	2 + 5 =	0 + 1 + 5 =
6 + 2 =	3 + 5 =	4 + 2 + 2 =
6 + 3 =	4 + 5 =	2 + 3 + 4 =

3

7	8	9	10
6 + 1	5 + 3	3 + 6	+ 1
+ 5	+ 0	+ 5	+ 5
0 +	4 +	2 +	10 +
+	+	+	+

4

6 + 2 =	3 + = 8	⭐ 4 + 3 + 1 =
4 + = 8	+ 7 = 9	5 + 2 + 3 =
+ 7 = 7	2 + =	+ 0 + 5 = 7
6 + = 9	+ =	6 + 3 + = 1 0

▶  Seite 17

Tauschaufgaben

1
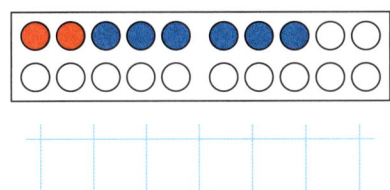 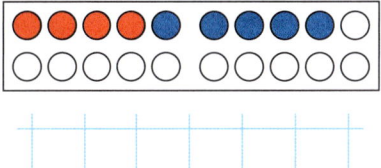 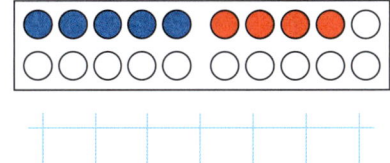

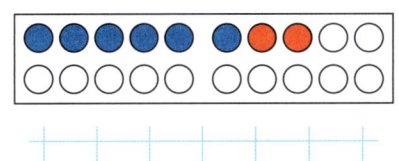 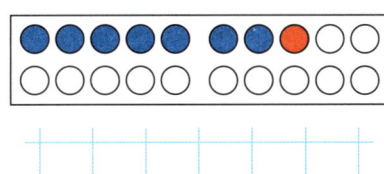

2

4 + 5 =	5 + 3 =	1 0 + 0 =
5 + 4 =	3 + 5 =	0 + 1 0 =

7 + 3 =	6 + 1 =	8 + 1 =
3 + 7 =	1 + 6 =	1 + 8 =

3 Rechne und verbinde.

9 + 0 = ☐☐   5 + 5 = ☐☐   7 + 2 = ☐☐

3 + 4 = ☐☐   4 + 3 = ☐☐

0 + 9 = ☐☐   2 + 7 = ☐☐

4

2 € + 1 € =	€	
€ +	€ =	€

€ +	€ =	€
€ +	€ =	€

5
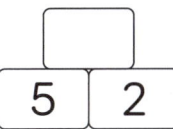 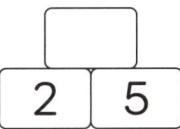   ⭐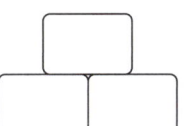

▶ 📖 Seite 18

Subtrahieren bis 10

1

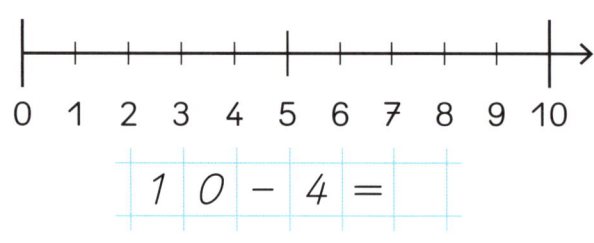

$$7 - 3 =$$

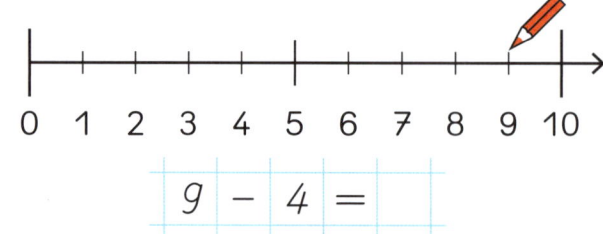

$$9 - 4 =$$

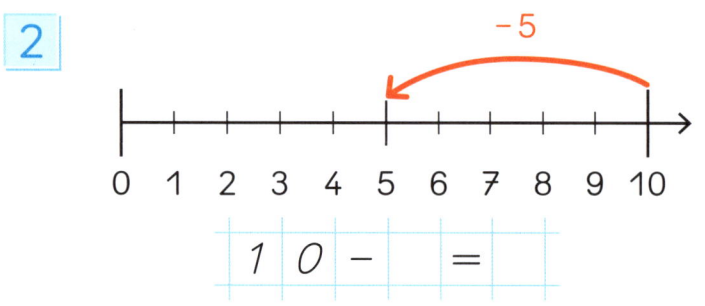

$$1\ 0 - 4 =$$

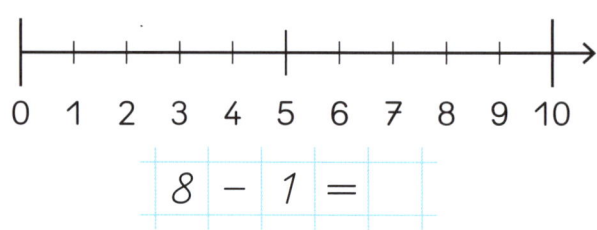

$$8 - 1 =$$

2

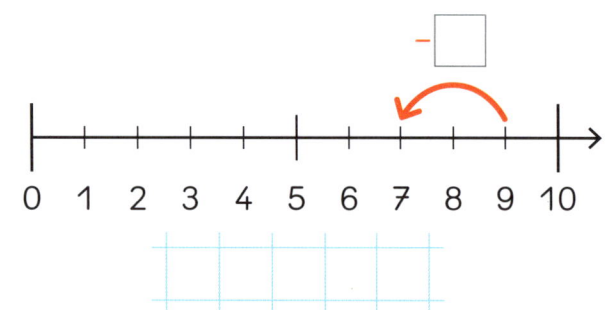

$$1\ 0 -\quad =$$

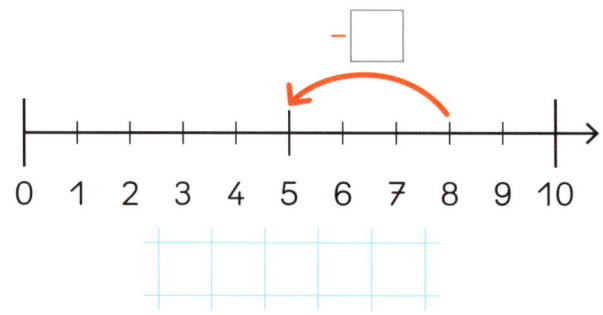

3

$8 - 7 =$	$1\ 0 - 8 =$	⭐ $7 -\quad = 3$
$9 - 3 =$	$1\ 0 - 0 =$	$8 -\quad = 7$
$7 - 7 =$	$6 - 3 =$	$9 -\quad = 6$
$7 - 6 =$	$8 - 6 =$	$9 -\quad = 7$
$9 - 0 =$	$8 - 0 =$	$9 -\quad = 5$

▶ Seiten 19/20

1

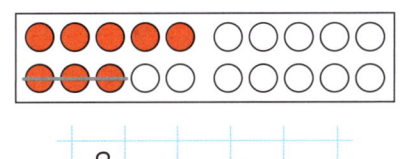   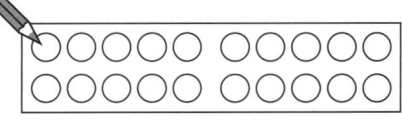   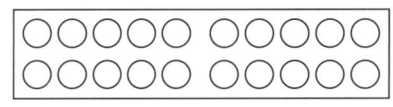

8 − ☐ = ☐   7 − 3 = ☐   1 0 − 4 = ☐

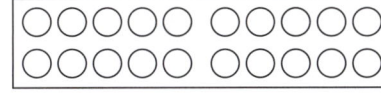

7 − 7 = ☐   8 − 6 = ☐   9 − 5 = ☐

2

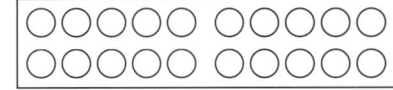

6 − 4 = ☐   9 − 0 = ☐   8 − 5 = ☐

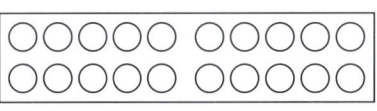

1 0 − ☐ = ☐   7 − ☐ = ☐

3

 5
 4
🟡 3

10 − 5   8 − 3   8 − 5   7 − 2   9 − 4   6 − 3

10 − 7    8 − 4   9 − 5   5 − 2   10 − 6

4

6 − 3 =   1 0 − 3 =   9 − 3 =
7 − 5 =   5 − 4 =   8 − 8 =
9 − 0 =   5 − 0 =   1 0 − 4 =

▶ Seiten 19/20

1

2

8 − 2 =	1 0 − 9 =	9 − 7 =
6 − 5 =	4 − 2 =	7 − 5 =
9 − 8 =	7 − 1 =	6 − 1 =

3

3
6 − 3
4 −
3 −
−

5
10 − 5
8 −
5 −
−

2
9 − 7
4 −
2 −
−

6
10 − 4
8 −
−
−

4

		⭐
9 − 4 =	8 − 4 =	7 − 3 − 2 =
9 − 5 =	7 − 4 =	8 − 2 − 1 =
9 − 6 =	6 − 4 =	1 0 − 5 − 2 =
9 − 7 =	5 − 4 =	1 0 − 7 − 3 =

Addieren und Subtrahieren bis 10

1

2

2	10	8		
8 + 2 =		2 + 8 =	
1 0 − 2 =		1 0 − 8 =	

9	5	4
5 + 4 =	9 − 4 =
4 + =	− =

4

7	10	3
+ =	+ =
1 0 − 3 =	− =

6	3	9

3

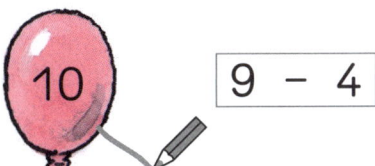 9 − 4

 10 − 4

2   6 + 4

 8 − 6

 3 + 4

 9 + 0

5

5 − 3 =	6 − 2 =
9 − 9 =	4 + 5 =
7 + 0 =	8 + 0 =

★
8 −   =   2
   − 5 =   0
   +   = 1 0

Umkehraufgaben

1

$9 - 4 = $ ⬜

⬜ $+$ ⬜ $= 9$

⬜ $-$ ⬜ $= $ ⬜

⬜ $+$ ⬜ $= $ ⬜

2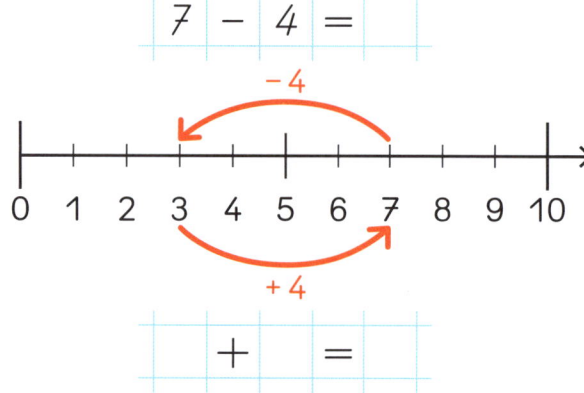

$2 + 6 = $ ⬜

⬜ $-$ ⬜ $= $ ⬜

$8 - 4 = $ ⬜

⬜ $+$ ⬜ $= $ ⬜

$9 + 0 = $ ⬜

⬜ $-$ ⬜ $= $ ⬜

3 $7 - 4 = $ ⬜

$8 - 7 = $ ⬜

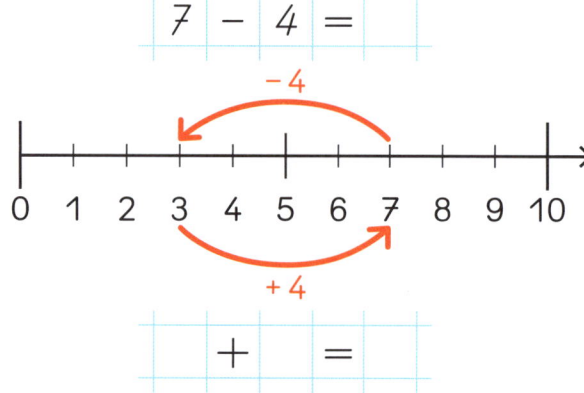

−4

0 1 2 3 4 5 6 7 8 9 10

+4

0 1 2 3 4 5 6 7 8 9 10

⬜ $+$ ⬜ $= $ ⬜

⬜ $+$ ⬜ $= $ ⬜

4 $1 \; 0 - 8 = $ ⬜

0 1 2 3 4 5 6 7 8 9 10

0 1 2 3 4 5 6 7 8 9 10

⬜ $+$ ⬜ $= $ ⬜

⬜ ⬜ ⬜

▶ 📖 Seite 21

1 Rechne und verbinde.

$5 - 0 =$

$10 - 4 =$

$0 + 9 =$

$8 - 1 =$

$5 + 0 =$

$7 + 1 =$

$9 - 9 =$

$6 + 4 =$

Rechne und bilde die Umkehraufgabe.

2

$9 - 3 =$
$\quad + \quad = 9$

$3 + 3 =$
$\quad - \quad = 3$

$8 - 6 =$
$\quad + \quad =$

3

$7 + 3 =$
$\quad - \quad = 7$

$5 + 2 =$
$\quad - \quad =$

$9 - 8 =$
$\quad + \quad =$

4

$10 - 5 =$
$\quad + \quad =$

$9 + 0 =$
$\quad - \quad =$

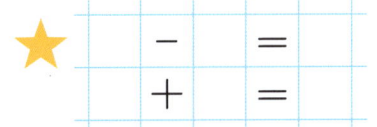
$\quad - \quad =$
$\quad + \quad =$

5

3 5 8	
$5 +\quad =$	$-\quad =$
$+\quad =$	$-\quad =$

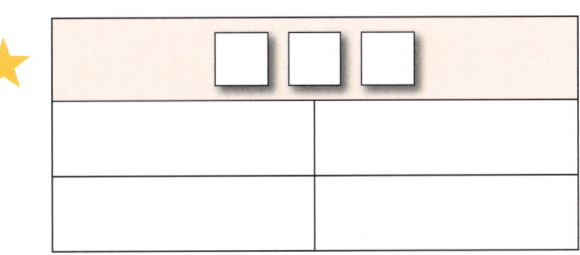

Gleichungen

1

8 + ☐ = 1 0	☐ + 3 = 1 0	5 + ☐ = 7
7 + ☐ = 9	☐ + 2 = 6	☐ + 1 = 9
6 + ☐ = 7	☐ + 7 = 8	2 + ☐ = 9
5 + ☐ = 1 0	☐ + 4 = 9	☐ + 1 0 = 1 0

2

8 − ☐ = 5	☐ − 2 = 5	6 − ☐ = 5
7 − ☐ = 4	☐ − 3 = 4	☐ − 5 = 4
6 − ☐ = 1	☐ − 8 = 1	7 − ☐ = 1
1 0 − ☐ = 1 0	☐ − 0 = 9	☐ − 8 = 2

3

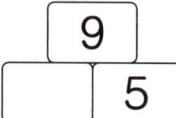 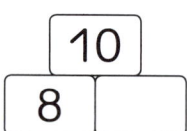 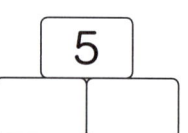 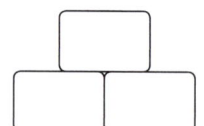

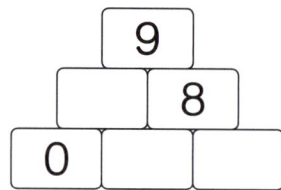 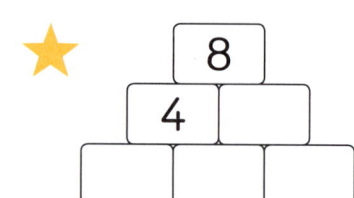

⭐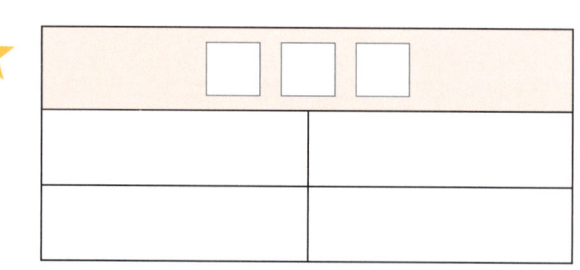

4

4 7 3	
4 + ☐ =	

6 3 9	
9 − ☐ =	

5

5 4 9	

⭐

☐ ☐ ☐	

▶ 📖 Seite 22

2 +	☐	=	10
7 +	☐	=	9
7 -	☐	=	1
10 -	☐	=	0

9 -	☐	=	5
5 +	☐	=	7
☐ -	3	=	3
0 +	☐	=	6

☐ -	1	=	8
7 -	☐	=	7
6 +	☐	=	9
☐ -	4	=	6

2

10 9 1	
9 + ☐ =	

8 1 7	
8 - ☐ =	

3 ★

6 4 10	

☐ ☐ ☐	

4

9
5 +
+ 0
4 +
+ 6

4
5 -
- 0
7 -
- 6

5
+ 3
1 +
6 -
9 -

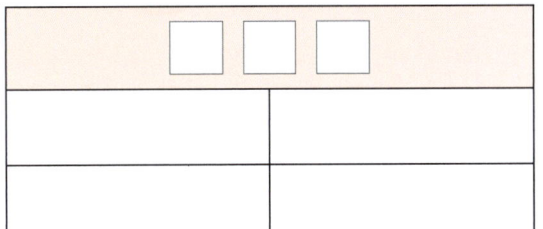

10
5 + 3 +
2 + + 2
+ 3 + 6
4 + +

5

☐ + 2 + 5	=	10		
0 + ☐ + 5	=	8		
☐ + 2 + 2	=	9		
6 + 3 + ☐	=	9		

★

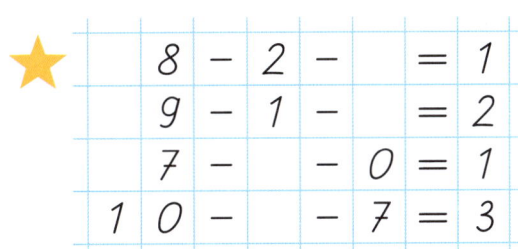

8 - 2 - ☐	=	1
9 - 1 - ☐	=	2
7 - ☐ - 0	=	1
10 - ☐ - 7	=	3

Lösen von Sachaufgaben

1 Lisa kauft eine 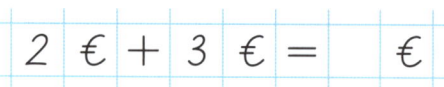 und 🍇 .

2	€	+	3	€	=		€

2 Ole kauft einen 🥬 , eine 🍈 und 🥐 .

	€	+		€	+		€	=		€

3 Lola hat 7 €. Nun kauft Lola eine 🎂 .

7	€	–		€	=		€

4 Murat hat 10 €. Er kauft eine 🍍 und eine 🍈 .

Er hat nun ☐☐ €.

5 Kaufe ein.

▶ 📖 Seite 23

Lagebeziehungen

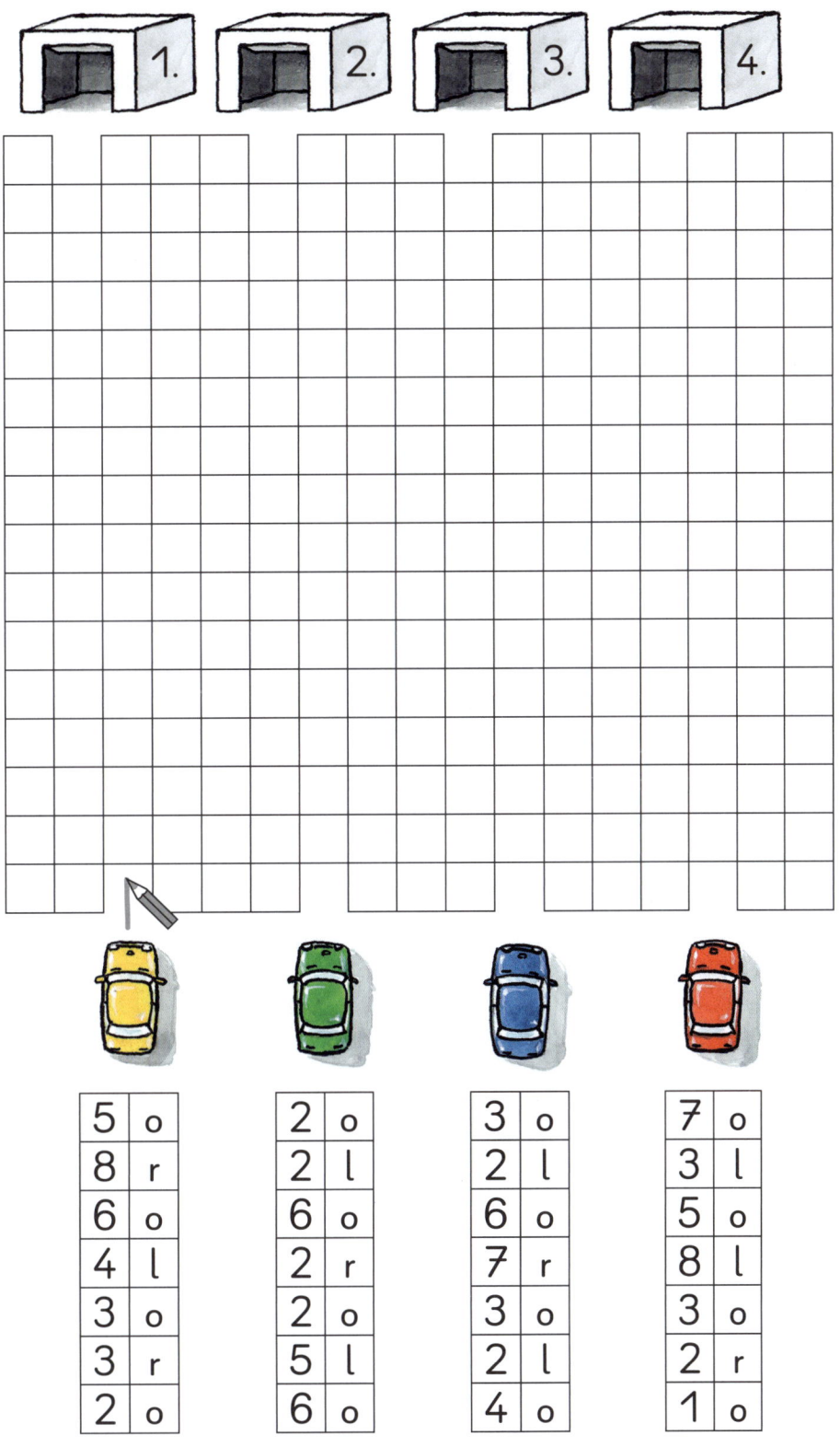

5	o
8	r
6	o
4	l
3	o
3	r
2	o

2	o
2	l
6	o
2	r
2	o
5	l
6	o

3	o
2	l
6	o
7	r
3	o
2	l
4	o

7	o
3	l
5	o
8	l
3	o
2	r
1	o

Fahre die Autos in die Garage.

Male die Garage dann in der richtigen Farbe aus.

o = nach oben; r = nach rechts; l = nach links

▶ Seite 24

- Schaue genau hin.

- Decke das Bild zu.

- Versuche, ohne nochmals nachzusehen, alle Lageplätze richtig anzukreuzen.

1 Wo liegen die Gegenstände? Kreuze an.

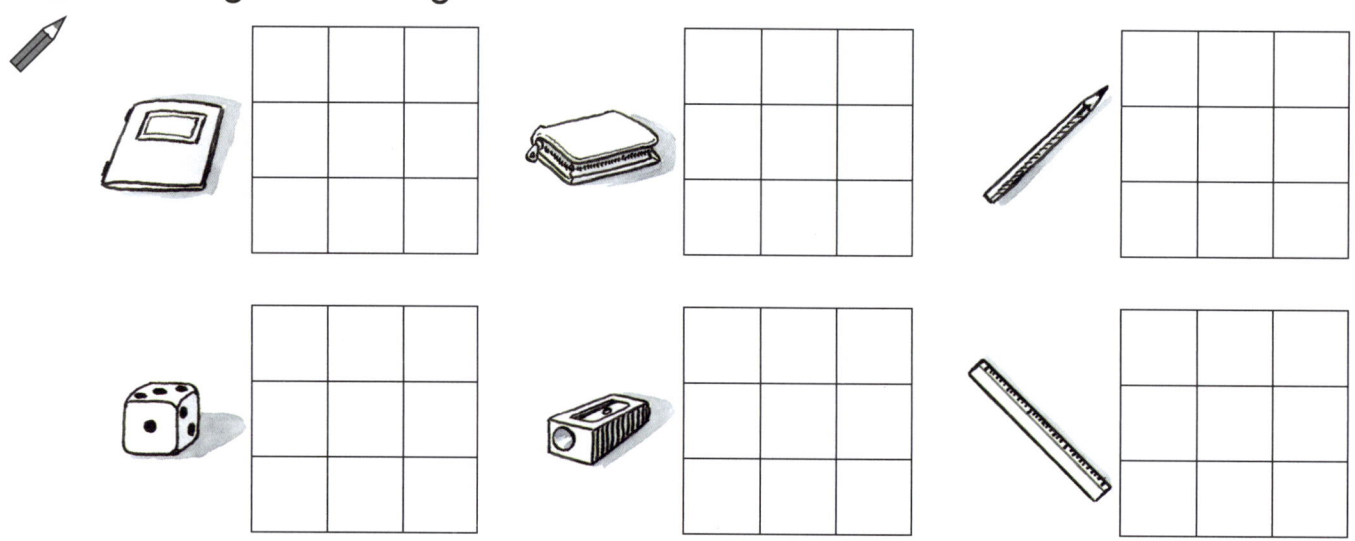

2 Male △ in das rechte mittlere Feld.

Male ○ in das mittlere untere Feld.

Male ☐ in das mittlere obere Feld.

► Seite 24

Zahlen bis 20

1 Male gleiche Mengen.

1	6

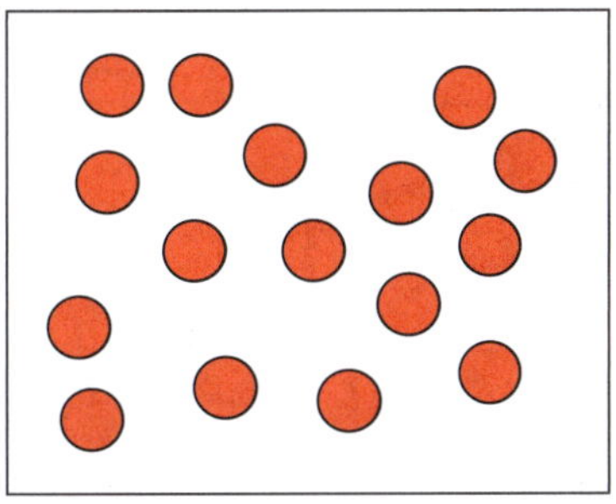

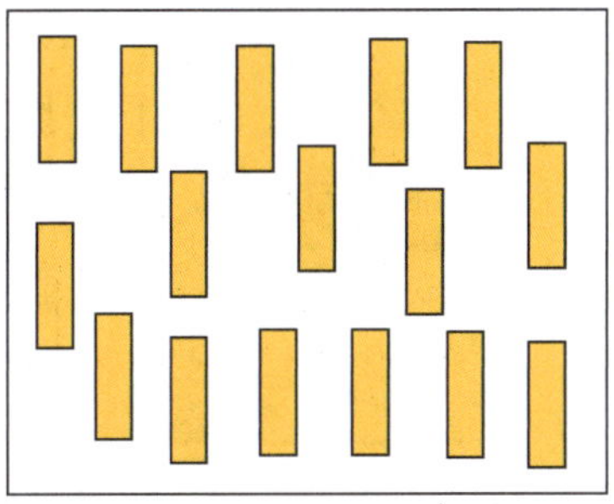

1	3

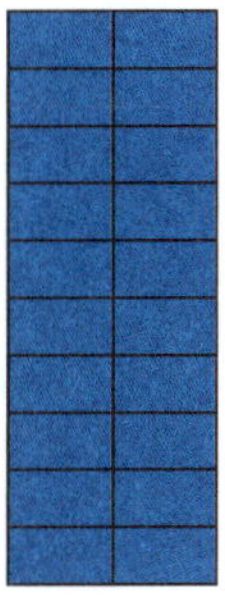

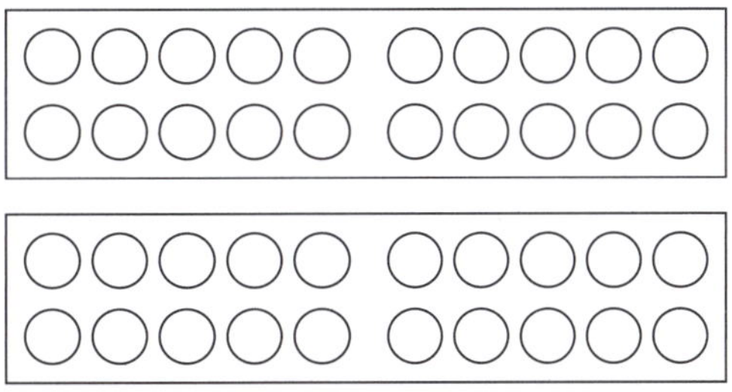

Bündelungen

1 Kreise immer 10 ein.

2 Schreibe in die Stellentafel.

3 Bündele und schreibe in die Stellentafel.

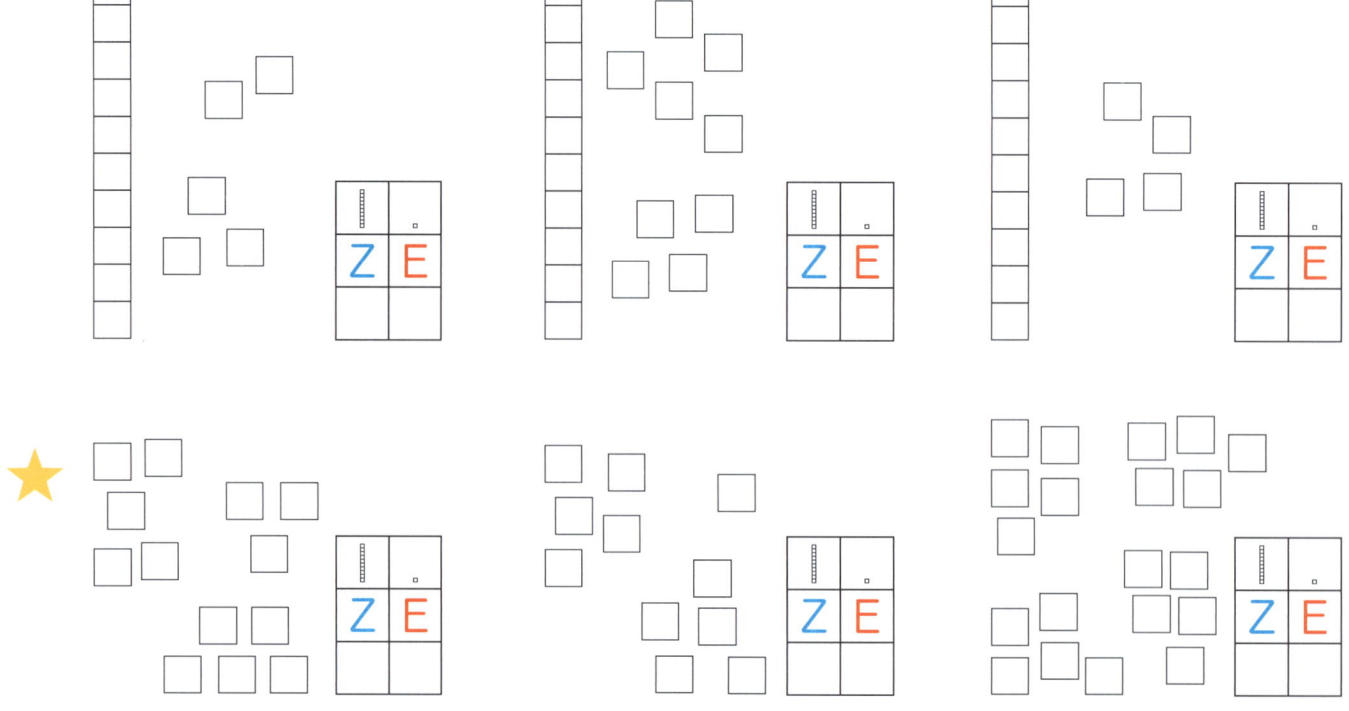

▶ Seite 27

1 Kreise immer 10 ein.

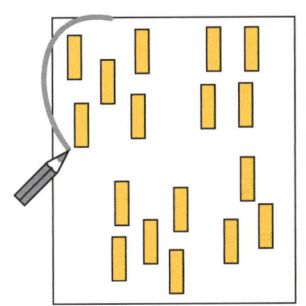    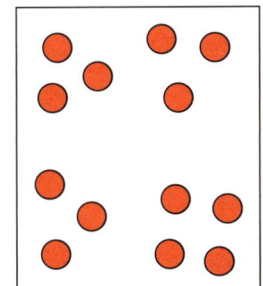 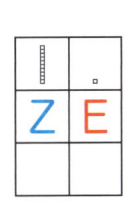   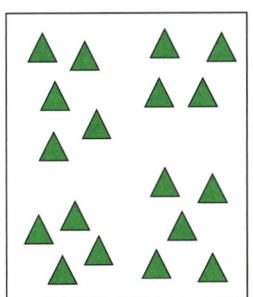 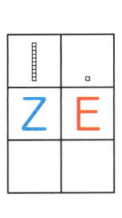

2 Male. Kreise immer 10 ein.

Z	E
1	5

Z	E
2	0

Z	E
1	1

Z	E
1	9

Z	E
1	2

Z	E

3 Rechne.

$10 + 6 =$
$10 + 3 =$
$10 + 7 =$
$10 + 5 =$
$10 + 9 =$
$10 + 10 =$
$ + =$
$ + =$
$ + =$

$10 + = 11$
$10 + = 18$
$10 + = 12$
$ + 6 = 16$
$ + 4 = 14$
$ + 7 = 17$
$ + =$
$ + =$
$ + =$

▶ Seite 27

Zwanzigerfelder

Ich lege die 18 so.

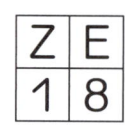

Z	E
1	8

Und ich lege die 18 so.

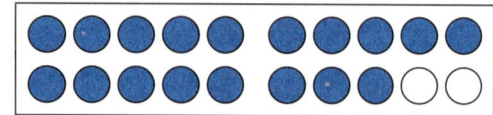

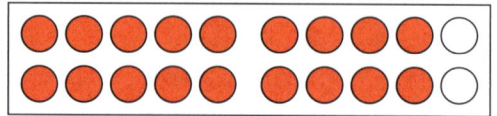

1 Bündele. Male wie Tom und Lena.

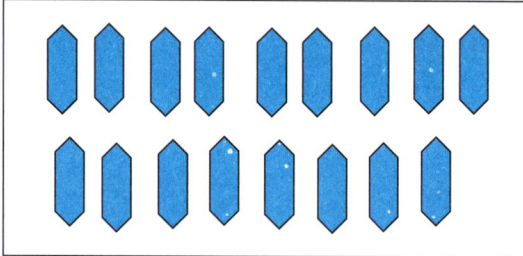

Z	E

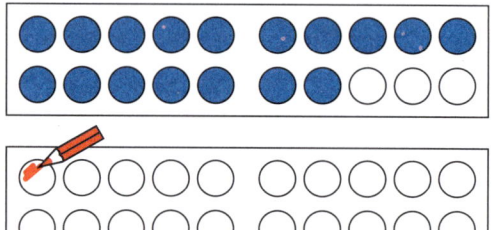

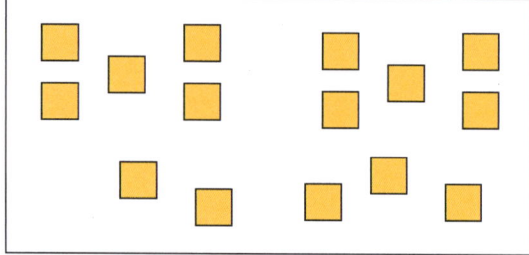

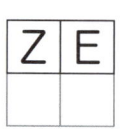

Z	E

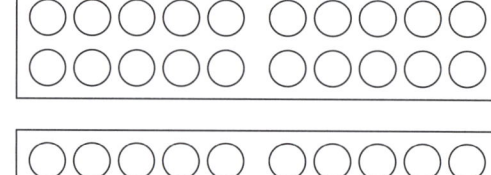

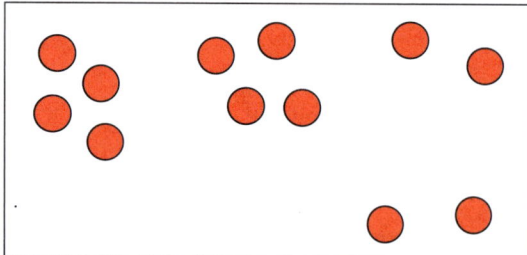

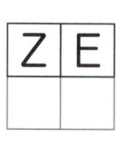

Z	E

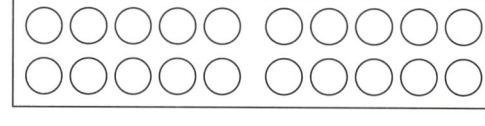

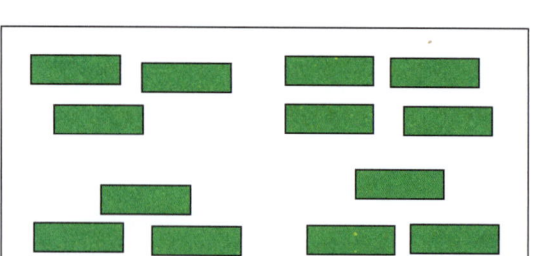

Z	E

▶ 📖 Seite 28

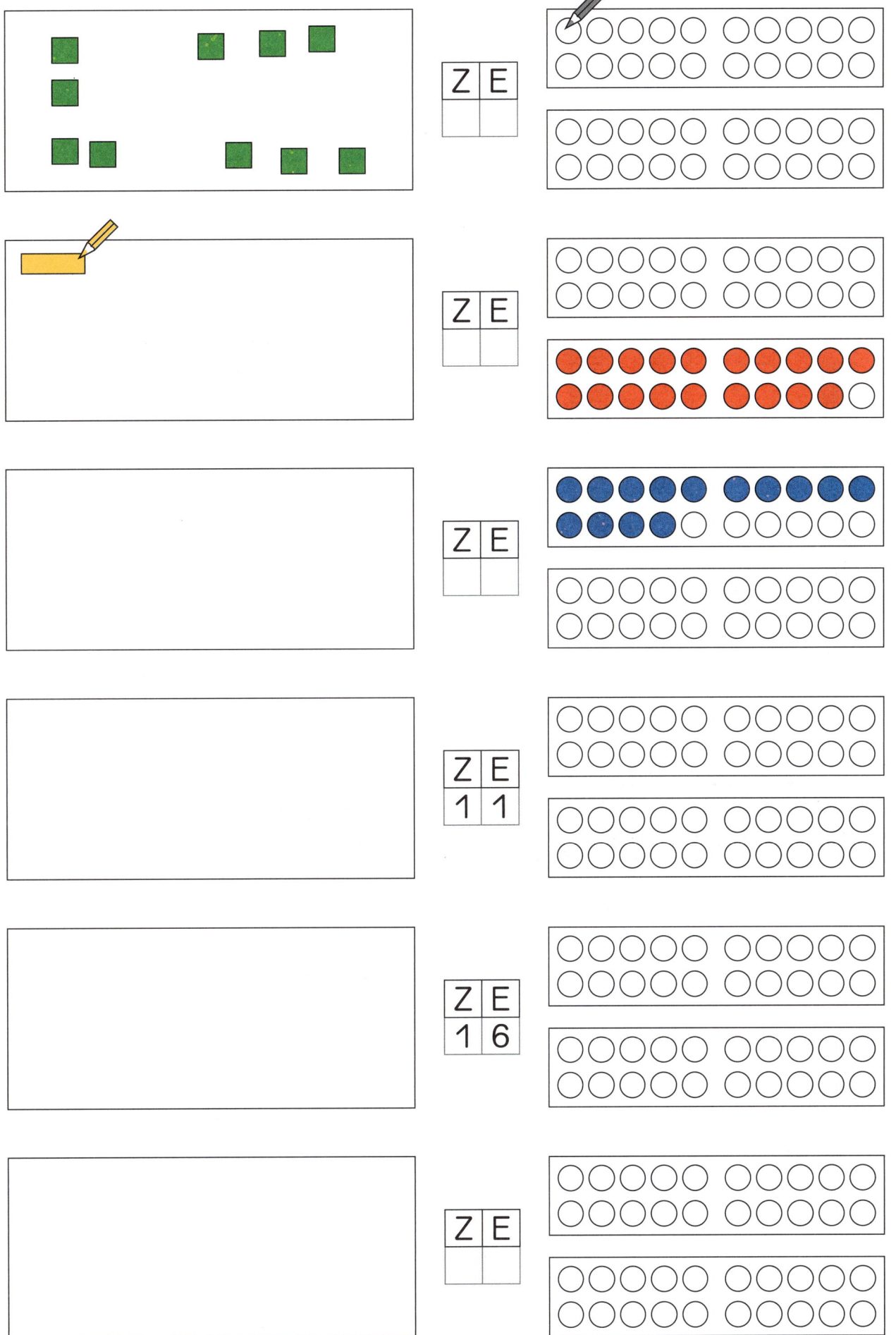

Mengen und Zahlen vergleichen

1 Male an.

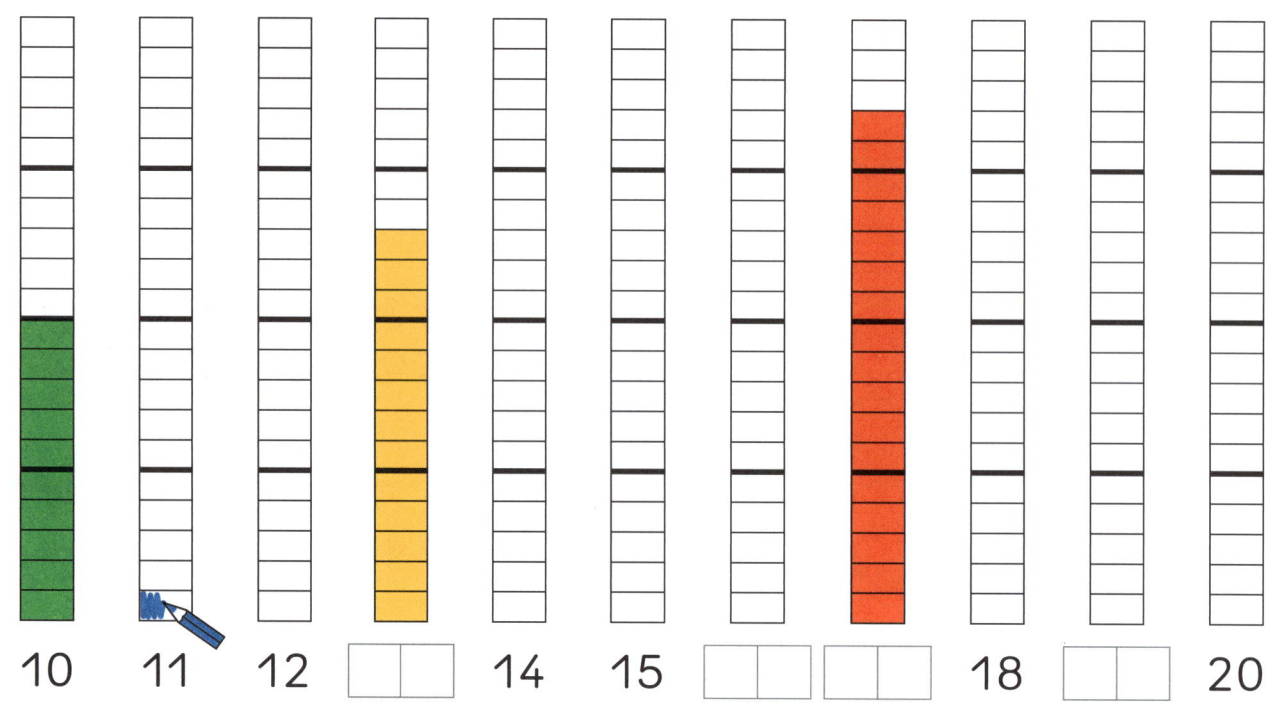

| 10 | 11 | 12 | | 14 | 15 | | | 18 | | 20 |

2 Vergleiche. >, < oder =?

3 Lege, bündele und vergleiche.

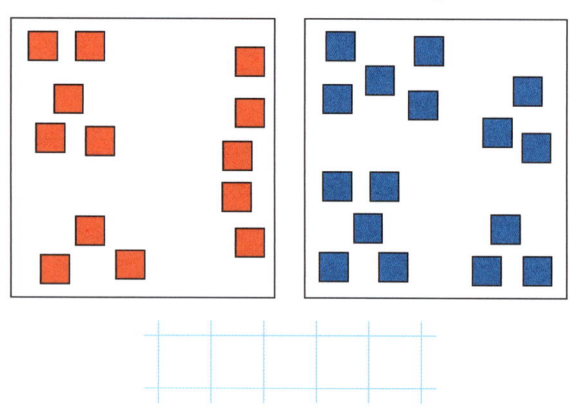

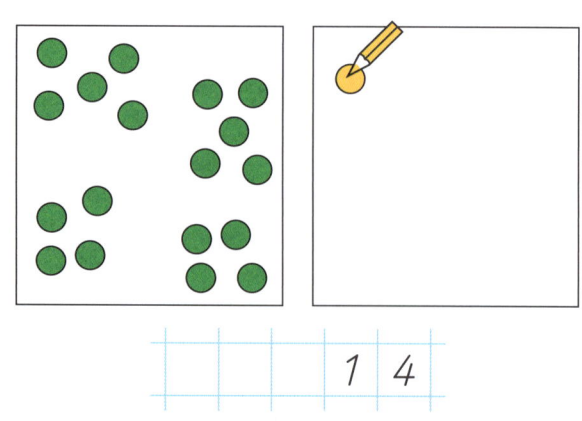

1 4

▶ Seite 29

1 Vergleiche.

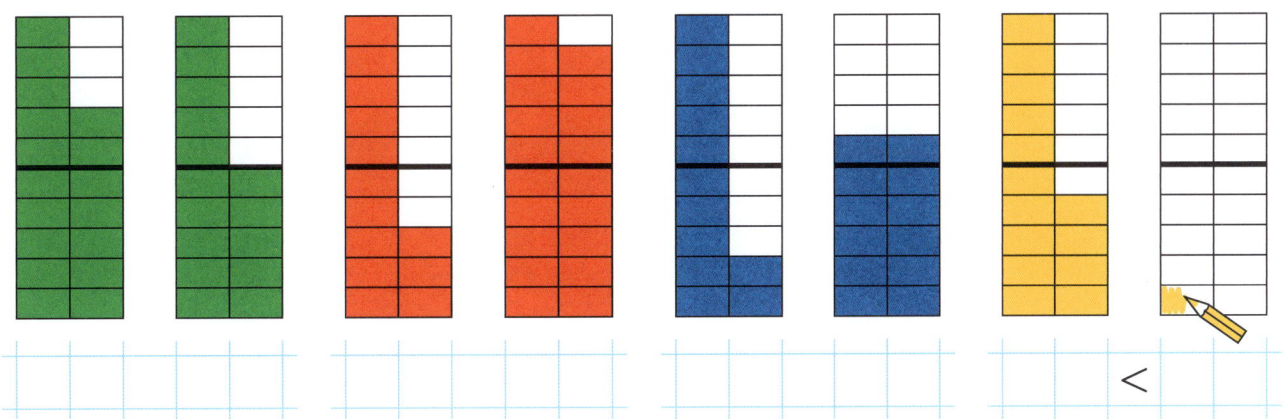

<

2 Male an und vergleiche.

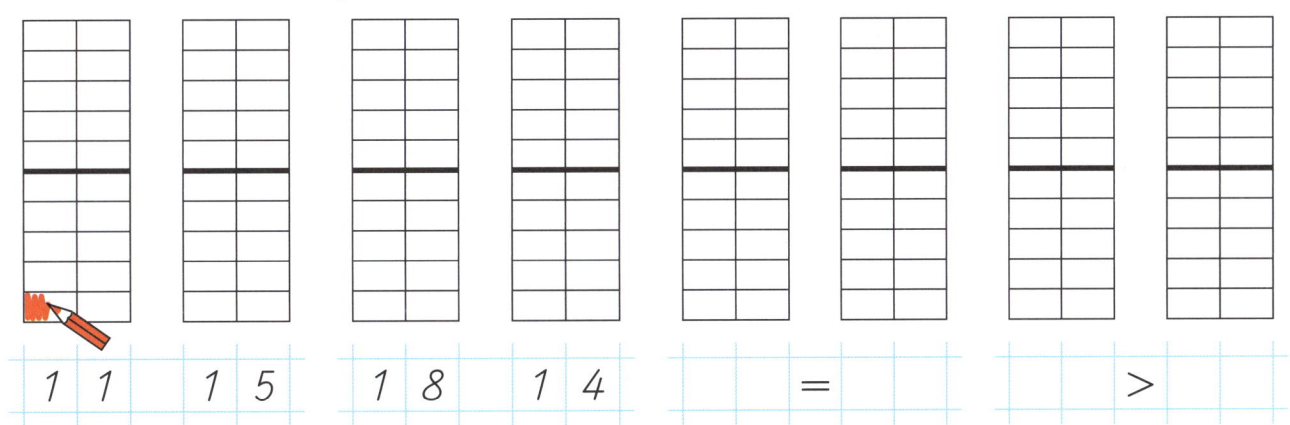

| 1 1 | 1 5 | 1 8 | 1 4 | | = | | | > |

3 Vergleiche.

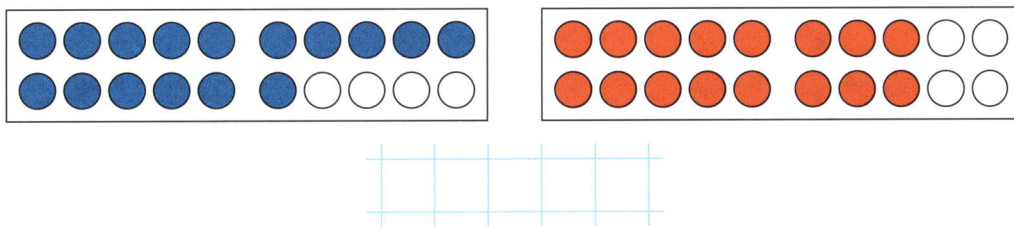

4 Vergleiche. ⭐

1 1	1 0	5	1 5	1 8	1 4		&gt;
1 7	1 9	1 4	1 2	2 0	1 0		&lt;
1 5	1 5	1 2	2 0	1 1	3		=
1 3	2 0	1 6	8	7	1 5		&lt;

▶ Seite 29

Zahlenfolgen

1 Zähle.

7	8	9			13							

			10							18	19	20

					10							

2 Finde die fehlenden Zahlen.

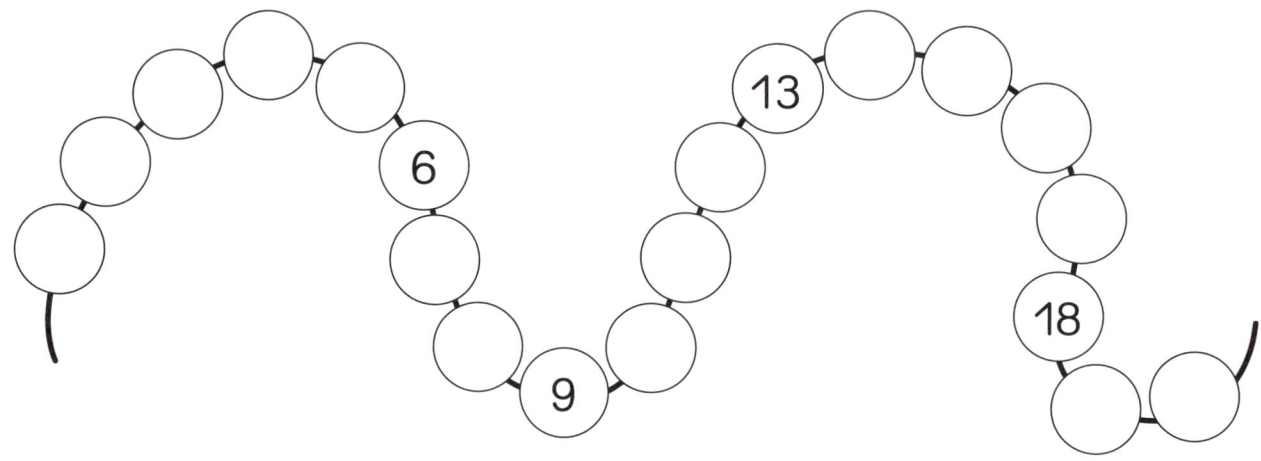

3 Verbinde der Reihe nach.

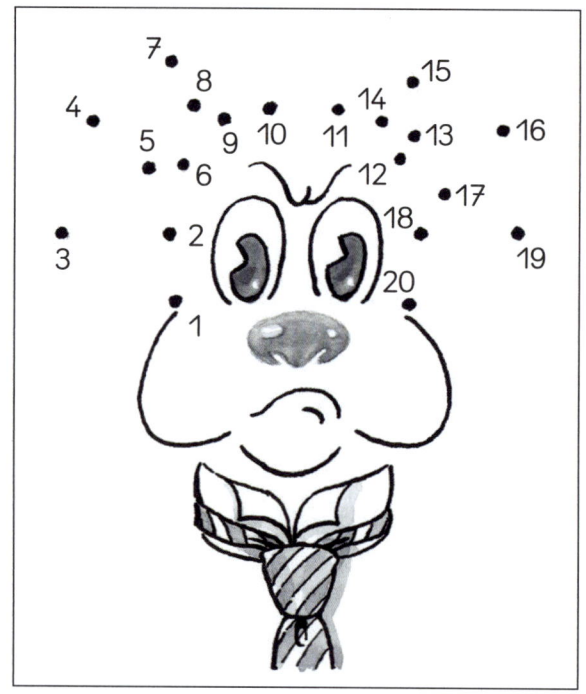

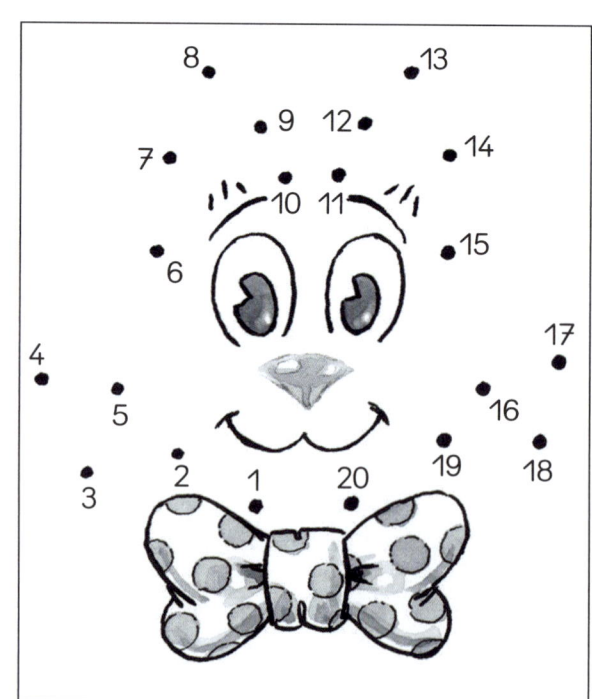

Nachbarzahlen

1 Finde die Nachbarzahlen.

	11				2				12	
	17				15				16	
	6				9				14	
	10				19				18	

2 Finde die fehlenden Zahlen.

11		13		12			15		6		8		10	
17							19			14				18
		20		10										14
	13					10					16			

3 Trage die Zahlen ein.

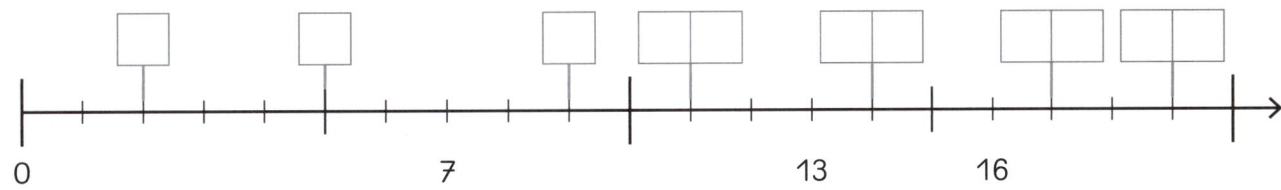

4 Setze fort.

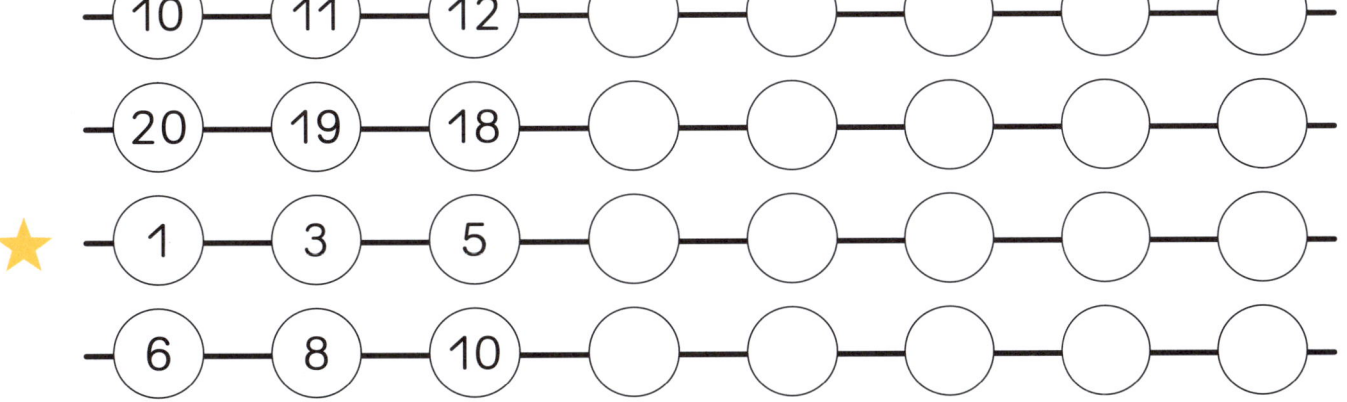

▶ 📖 Seite 30

Ordnungszahlen bis 20

10.

20.

1 Ordne zu.

2 Male den richtigen Lampion.

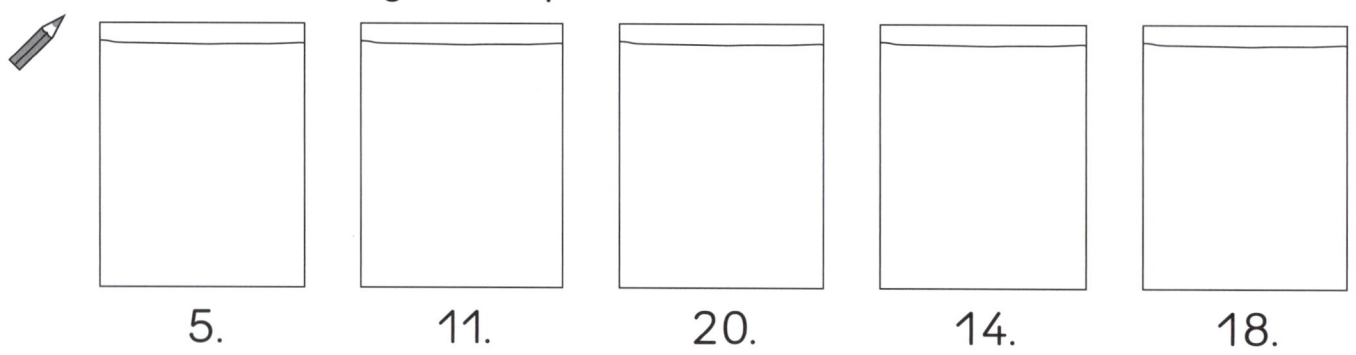

| 5. | 11. | 20. | 14. | 18. |

▶ Seite 31

Verdoppeln

1 Male doppelt.

Verdopple.

2

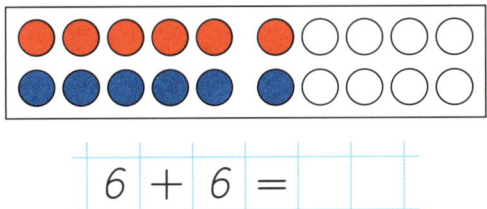

$$6 + 6 = $$

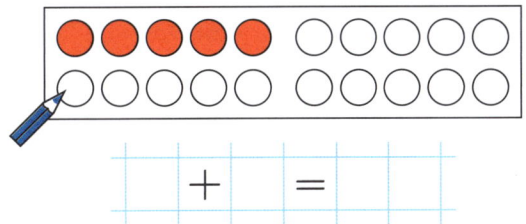

$$ + = $$

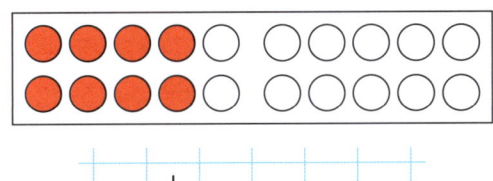

$$ + = $$

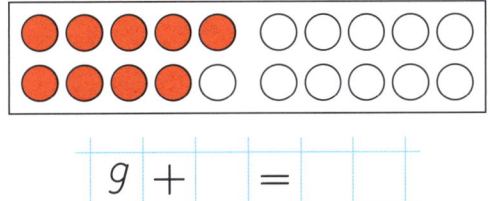

$$9 + = $$

3

$7 + 7 =$	$ + = 1\,0$	$ + =$
$3 + =$	$ + = 1\,6$	$ + =$
$9 + =$	$ + = 2\,0$	$ + =$
$ + 2 =$	$ + = 8$	$ + =$
$ + 6 =$	$ + = 2$	$ + =$

4

1	6	3	9	4	7	5	1 0	8	2
2									

▶ Seite 32

Halbieren

1 Verteile gerecht. Male.

| 1 | 8 | = | | + | |

| 1 | 4 | = | | + | |

Halbiere.

2

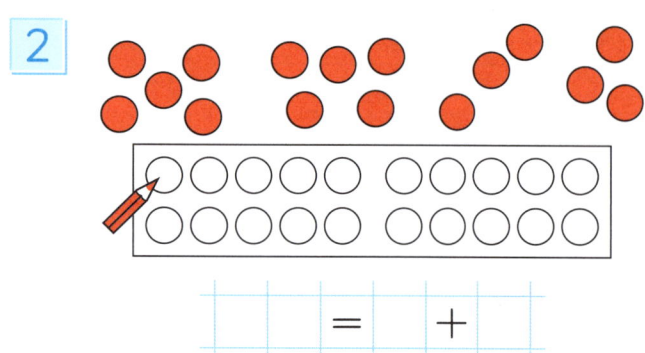

| | | = | | + | |

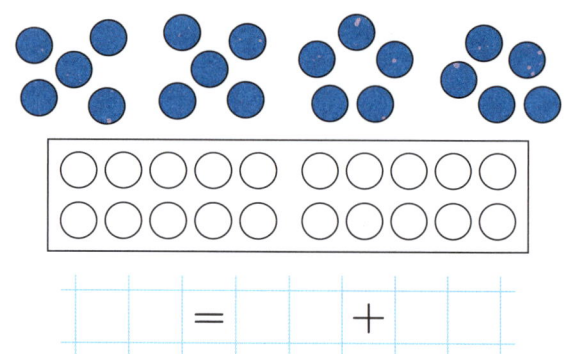

| | | = | | + | |

3

	1	6	=		+	
	1	2	=		+	
		6	=		+	
	2	0	=		+	
		8	=		+	

	=	7	+	
	=	5	+	
	=		+	1
	=		+	2
	=	9	+	

	=		+	
	=		+	
	=		+	
	=		+	
	=		+	

4

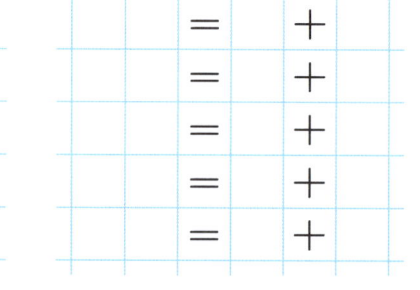

5											
1 0	4	1 6	1 2	2 0	2	8	1 4	6	1 8

▶ Seite 33

Zahlen in der Umwelt

1 Verbinde die Zahlen mit den dazugehörenden Bildern.

▶ 📖 Seite 34

1 Bilde Aufgaben.

MO

DI

MI

DO

FR

SA

SO

2 An welchem Wochentag fahren
die meisten Personen mit dem Bus?

_____

_____

▶ 📖 Seite 34

Rechenspiele

1. Würfelspiel: **Zahlenschlange 1**

2 Kinder, 1 Würfel, 2 Farbstifte

Regel: Würfelpunkte + 3 oder − 3 ergibt die Zahl, die auf der Schlange gestrichen werden darf. Jedes Kind streicht sein Ergebnis mit seiner Farbe durch. Sieger ist, wer zuerst alle Zahlen ausstreichen konnte.

2. Würfelspiel: **Zahlenschlange 2**

2 Kinder, 1 Würfel, 2 Farbstifte

Regel: Würfelpunkte + 4 oder − 4 ergibt die Zahl, die auf der Schlange gestrichen werden darf.

3. Würfelspiel: **Schneller Rechner**

2 Kinder, 2 Würfel, 2 Farbstifte

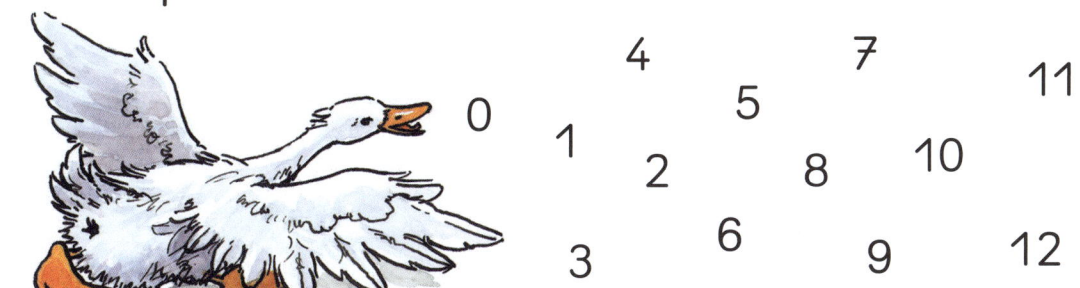

Regel: Würfelpunkte addieren oder subtrahieren und die Ergebniszahl ausstreichen. Sieger ist, wer zuerst alle Zahlen ausstreichen konnte.

▶ Seite 35

Längen

1 Wer macht mehr Schritte? Male an.

Welcher Weg ist länger? Male an.

2 Vergleiche. Nummeriere.

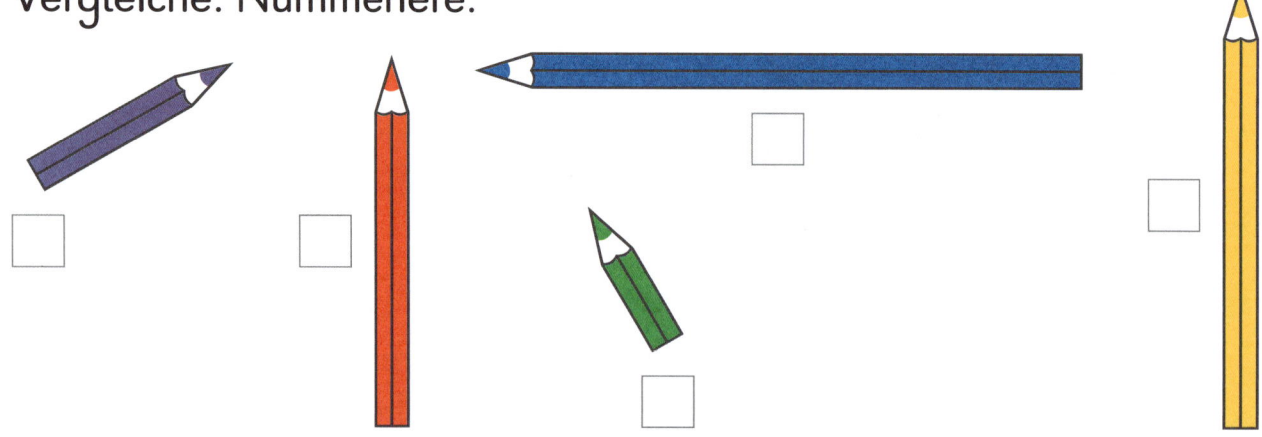

► Seiten 36/37

1 Was ist so lang wie eine Streichholzschachtel? Male grün an.
Was ist so lang wie ein Tafellineal? Male rot an.

2 Was ist länger als ein Tafellineal? Streiche durch.
Was ist kürzer? Male an.

3 Male Gegenstände, die länger sind als ein Tafellineal.

Addieren bis 20

1

	1	+	4	=		
1	1	+	4	=		

2

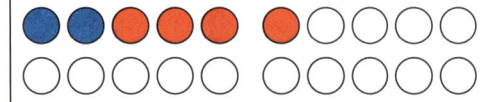

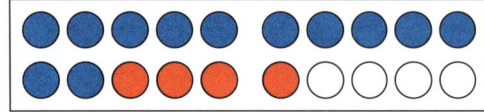

	2	+	4	=		
1	2	+	4	=		

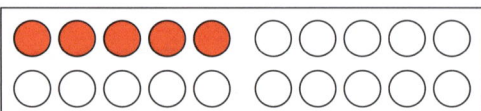

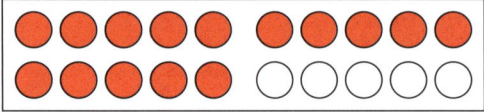

	5	+	0	=		
1	5	+	0	=		

3

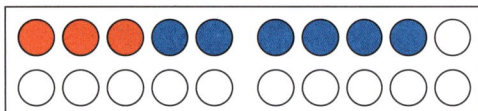

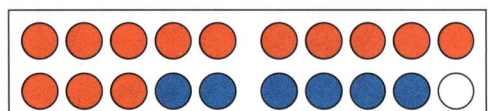

	3	+		=		
1	3	+		=		

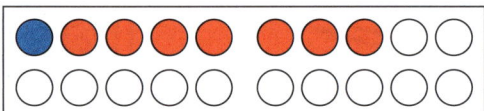

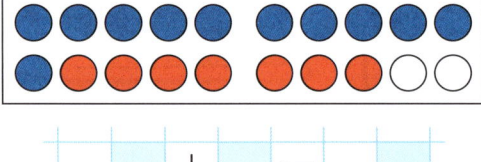

		+		=		
		+		=		

4

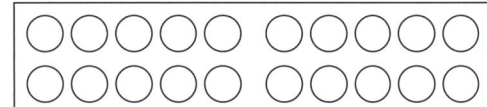

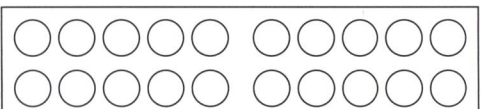

	2	+	6	=		
1	2	+	6	=		

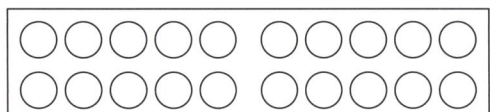

	4	+	6	=		
1	4	+	6	=		

▶ Seite 38

1

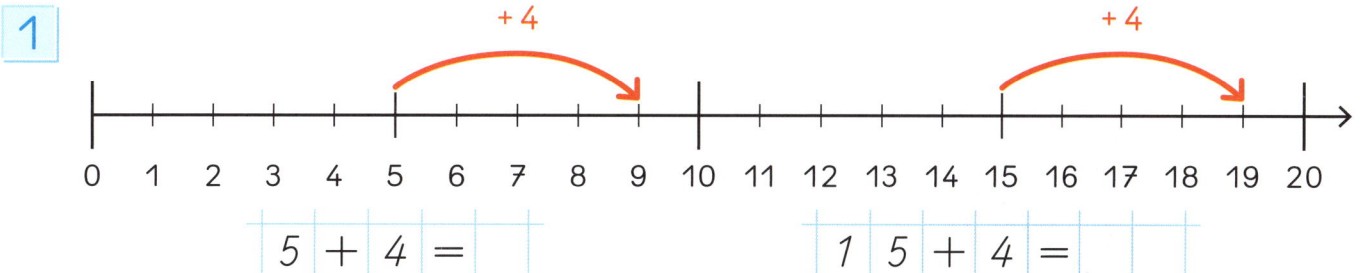

$5 + 4 =$ ☐ $15 + 4 =$ ☐

2

$7 + 3 =$ ☐ $17 + 3 =$ ☐

3

$3 + 3 =$	$2 + 0 =$	$5 + 2 =$
$13 + 3 =$	$12 + 0 =$	$15 + 2 =$
$8 + 2 =$	$6 + 3 =$	$3 + 5 =$
$18 + 2 =$	$16 + 3 =$	$13 + 5 =$

4

$0 + 7 =$	☐ $+$ ☐ $=$	☐ $+$ ☐ $=$
$10 + 7 =$	$12 + 5 =$	$15 + 5 =$
☐ $+$ ☐ $=$	☐ $+$ ☐ $=$	☐ $+$ ☐ $=$
$14 + 3 =$	$17 + 2 =$	$16 + 0 =$

5

$13 + 6 =$	$15 + 3 =$	$11 + 5 =$
$16 + 4 =$	$20 + 0 =$	$14 + 4 =$
$10 + 5 =$	$12 + 7 =$	$19 + 1 =$

6

☐ / 11 5   19 / 14 ☐   ☐ / 2 13   15 / ☐ 3   17 / ☐ ☐

▶ 📖 Seite 39

Subtrahieren bis 20

1

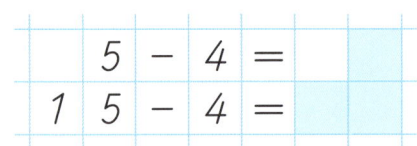

$$5 - 4 =$$
$$15 - 4 =$$

2

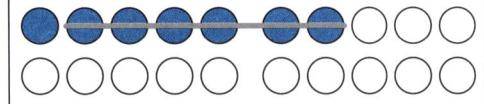

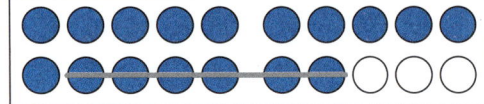

$$7 - 6 =$$
$$17 - 6 =$$

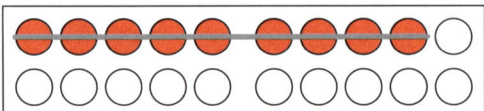

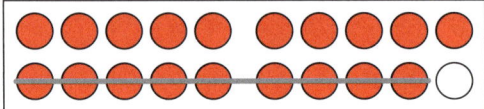

$$9 - 9 =$$
$$19 - 9 =$$

3

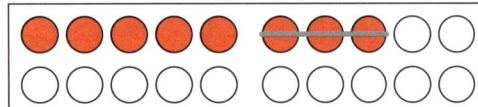

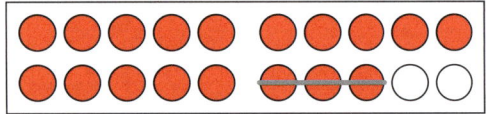

$$8 - \quad =$$
$$18 - \quad =$$

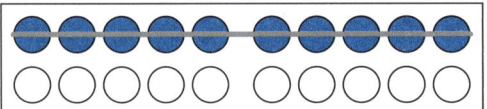

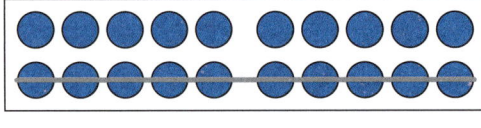

$$\quad - \quad =$$
$$\quad - \quad =$$

4

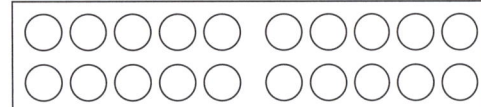

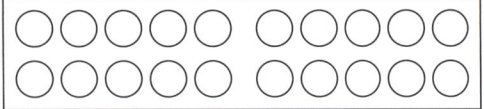

$$4 - 2 =$$
$$14 - 2 =$$

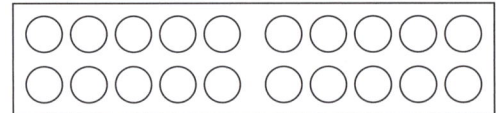

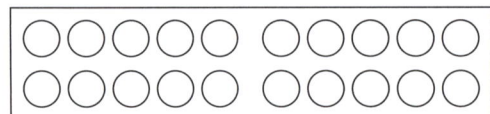

$$6 - 4 =$$
$$16 - 4 =$$

▶ Seite 40

1

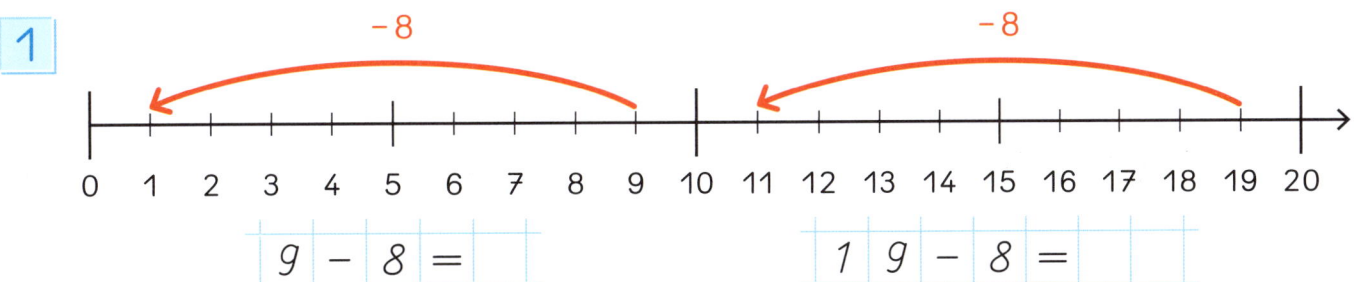

9 − 8 = ☐☐   1 9 − 8 = ☐☐

2

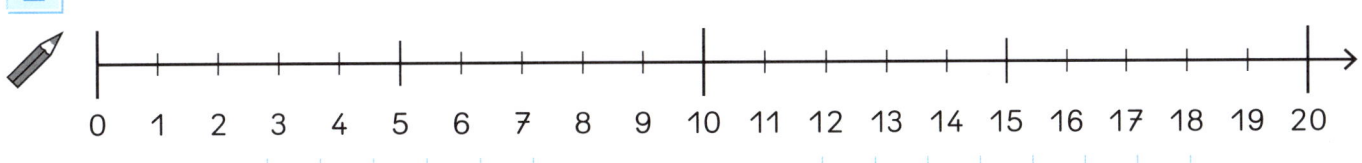

6 − 3 = ☐☐   1 6 − 3 = ☐☐

3

4 − 3 =
1 4 − 3 =

2 − 0 =
1 2 − 0 =

5 − 4 =
1 5 − 4 =

8 − 2 =
1 8 − 2 =

7 − 3 =
1 7 − 3 =

8 − 6 =
1 8 − 6 =

4

7 − 5 =
1 7 − 5 =

☐ − ☐ =
2 0 − 7 =

☐ − ☐ =
1 5 − 5 =

☐ − ☐ =
1 6 − 6 =

☐ − ☐ =
1 4 − 2 =

☐ − ☐ =
1 9 − 6 =

5

1 6 − 4 =
1 8 − 7 =
1 0 − 8 =

1 5 − 3 =
2 0 − 0 =
1 7 − 7 =

2 0 − 9 =
1 8 − 8 =
1 4 − 3 =

6

| ☐ |
| 11 | 6 |

| 20 |
| 12 | ☐ |

| 19 |
| ☐ | 13 |

| 15 |
| ☐ | ☐ |

| 20 |
| ☐ | ☐ |

▶ 📖 Seite 41

Addieren und Subtrahieren bis 20

1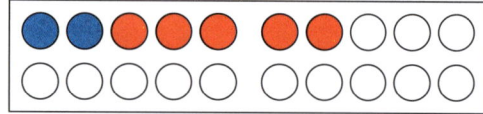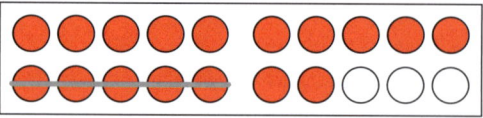

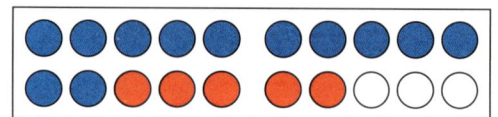 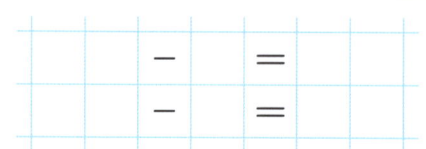

+ =
+ =

− =
− =

2

 18 − 6　　12 + 4　　11 + 3　　18 − 5　　20 − 3　　13 + 0

16　　14　　12　　17　　13　　15　　18

19 − 5　　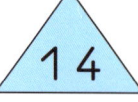 10 + 2　　19 − 3　　19 − 4　　12 + 3　　13 + 4

3

1 6 + 3 =	1 8 − 6 =	1 3 + 5 =
1 4 − 4 =	1 2 + 7 =	1 7 − 0 =
1 1 + 6 =	2 0 − 9 =	1 6 + 4 =
1 5 − 5 =	1 0 + 9 =	1 6 − 4 =

4

| | 14 | | 17 | 19 |
| 10 10 | 14 | 6 12 | 14 | 8 |

5 ★

| 18 | 16 | 13 | 11 | |

1

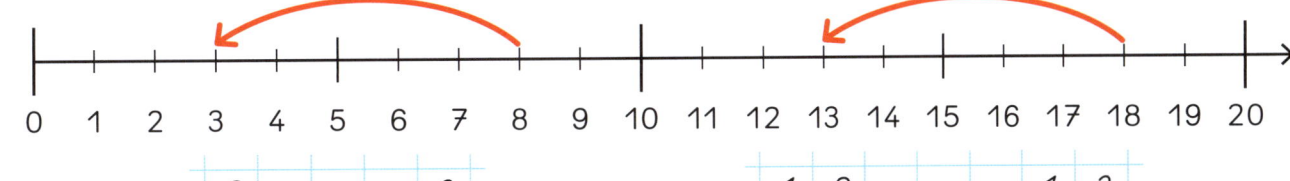

$3 + \boxed{} = 9$ $\qquad$ $13 + \boxed{} = 19$

$8 - \boxed{} = 3$ $\qquad$ $18 - \boxed{} = 13$

2

20
12 +
+ 9
+

12
19 –
– 4
–

16
11 +
18 –
+

17
+ 5
– 2
–

3

$12 + \boxed{} = 16$
$\boxed{} + 4 = 20$
$13 + 6 =$
$14 + \boxed{} = 19$

$19 - 7 =$
$\boxed{} - 8 = 12$
$17 - \boxed{} = 11$
$\boxed{} - 3 = 15$

$\boxed{} + 4 = 18$
$20 - \boxed{} = 11$
$16 + 0 =$
$\boxed{} - 8 = 10$

4 >, < oder =?

13 + 5 ⬚ 18	17 – 6 ⬚ 12	14 + 3 ⬚ 19
13 + 7 ⬚ 16	15 – 4 ⬚ 19	18 – 0 ⬚ 18
14 + 5 ⬚ 20	20 – 7 ⬚ 13	19 – 5 ⬚ 11

5 ⭐

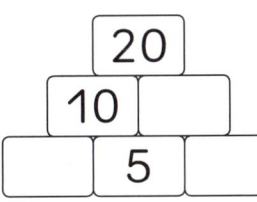
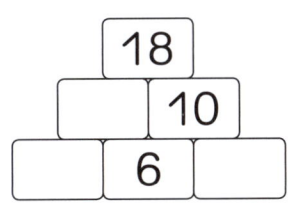
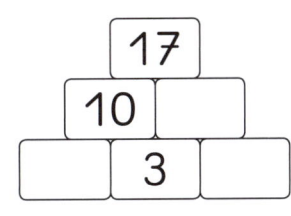

▶ 📖 Seiten 38–41

Rechnen mit 10

1

$2 + = 10$	$6 + = 10$	$7 + = 10$
$8 + = 10$	$3 + = 10$	$10 + = 10$
$9 + = 10$	$1 + = 10$	$0 + = 10$
$7 + =$	$4 + =$	$5 + = 10$

2

10		10		10		10	
8		4			2	7	
6			5	1			9

3

$10 + 8 =$	$5 + 10 =$
$10 + 3 =$	$6 + 10 =$
$10 + 1 =$	$4 + 10 =$
$10 + 2 =$	$9 + 10 =$
$10 + 0 =$	$0 + 10 =$
$10 + 10 =$	$7 + 10 =$

4

+	5	2	6	4	3	7	9	1	0	8	10
10	15										

5

$15 = 10 + 5$	$17 = 10 +$
$16 = 10 +$	$18 = +$
$12 = + 2$	$13 = +$
$19 = + 9$	$20 = +$

6 ★

$5 + 5 + 3 = 13$	$7 + 3 + = 18$
$6 + 4 + 4 =$	$3 + 7 + = 15$
$8 + 2 + 5 =$	$8 + 2 + = 16$

▶ 📖 Seite 42

Addieren mit Zehnerübergang

Erst + bis 10,
dann noch + ...

1

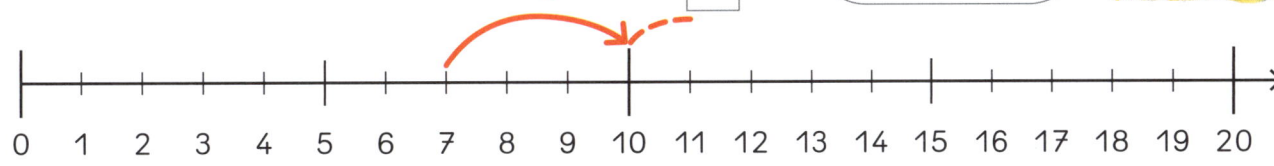

$$7 + 5 =$$
$$3$$

2

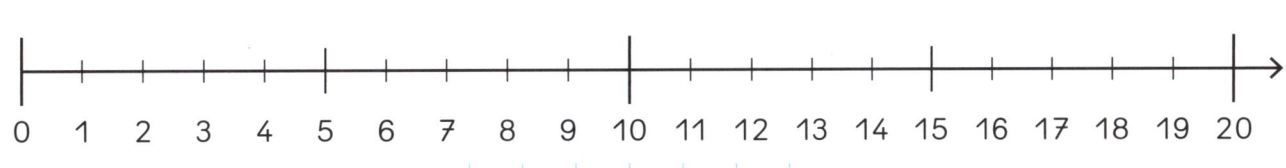

$$6 + 8 =$$

3

$$9 + 2 =$$

4

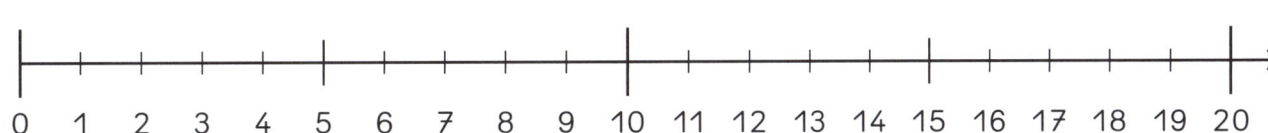

$$8 + 8 =$$

5

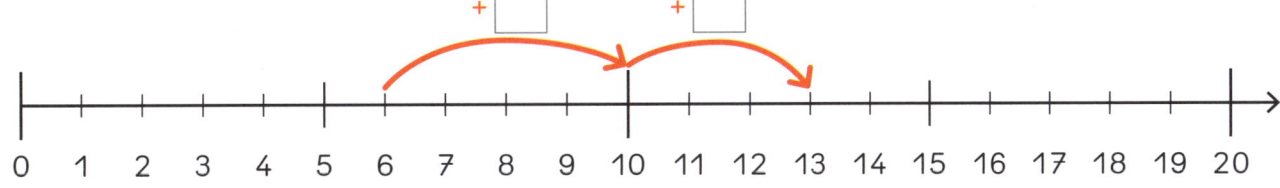

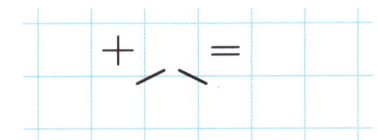

$$+ \quad =$$

▶ Seite 43

1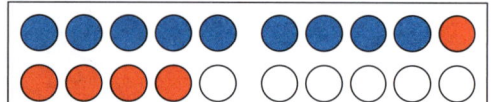

$$9 + 5 =$$
$$\overset{1}{\diagdown}$$

Erst + bis 10, dann noch + …

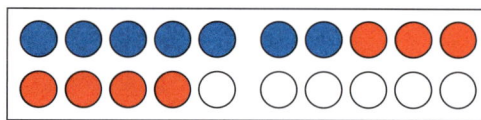

$$+ \diagdown =$$

2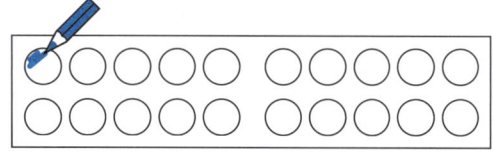

$$5 + 8 = \diagdown$$

$$8 + 5 = \diagdown$$

3

$$6 + 7 = \diagdown$$

$$5 + 6 = \diagdown$$

4

$$6 + 6 = \diagdown$$

$$5 + 9 = \diagdown$$

5

$$7 + 4 = \diagdown$$

$$9 + 9 = \diagdown$$

6

$$9 + 7 = \diagdown$$

$$8 + 6 = \diagdown$$

7

$$4 + 8 = \diagdown$$

$$7 + 8 = \diagdown$$

► Seite 43

Zehnerübergang durch Verdoppeln

1

$1 + 1 =$	$4 + 4 =$	$7 + 7 =$
$2 + 2 =$	$5 + 5 =$	$8 + 8 =$
$3 + 3 =$	$6 + 6 =$	$9 + 9 =$

2

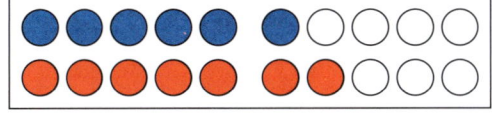   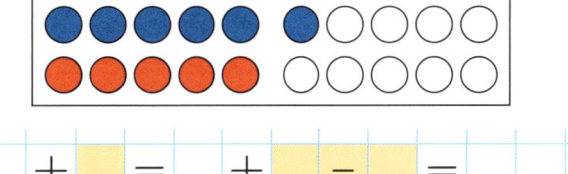

$6 + 7 = 6 + 6 + =$ $ + = + - =$

3

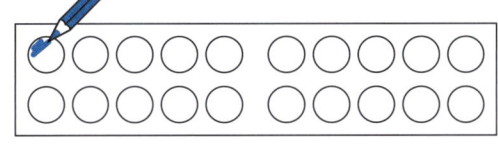   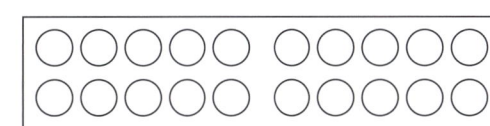

$8 + 7 = + - =$ $8 + 9 = + + =$

4 $7 + 8 = + =$ $7 + 6 = + =$

5

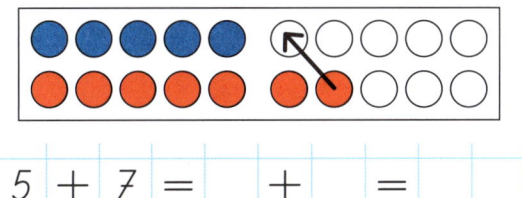   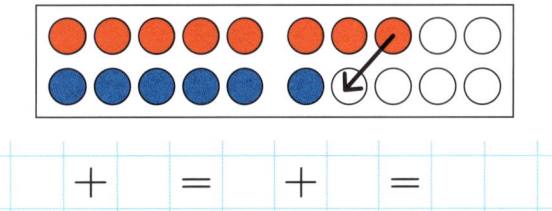

$5 + 7 = + =$ $ + = + =$

6

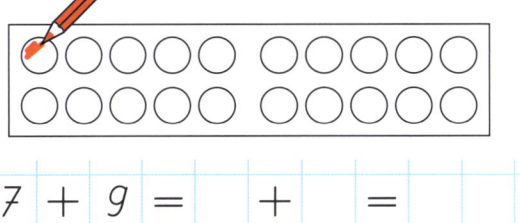   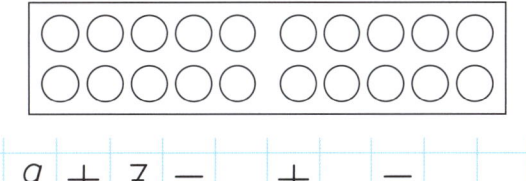

$7 + 9 = + =$ $9 + 7 = + =$

7 $6 + 8 = + =$ $5 + 7 = + =$

▶ Seite 44

Addieren mit Zehnertrick

1

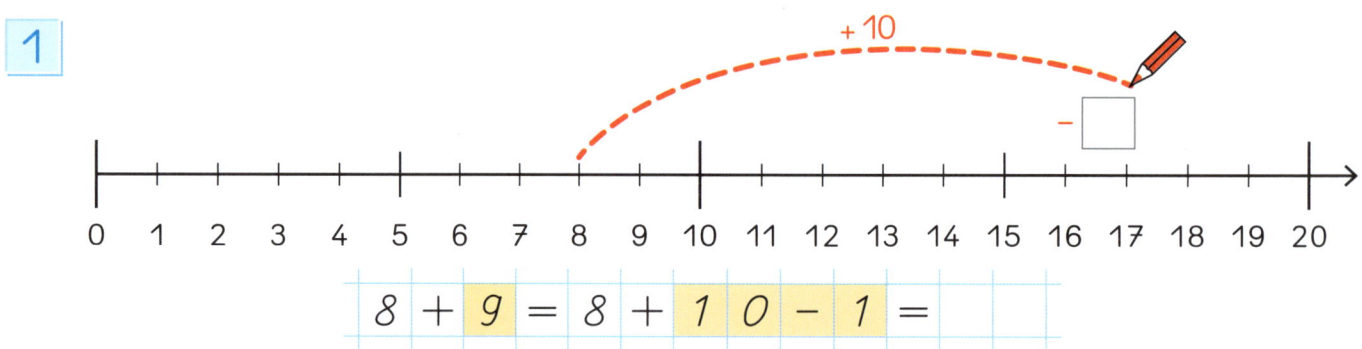

$$8 + \boxed{9} = 8 + \boxed{1\ 0 - 1} =$$

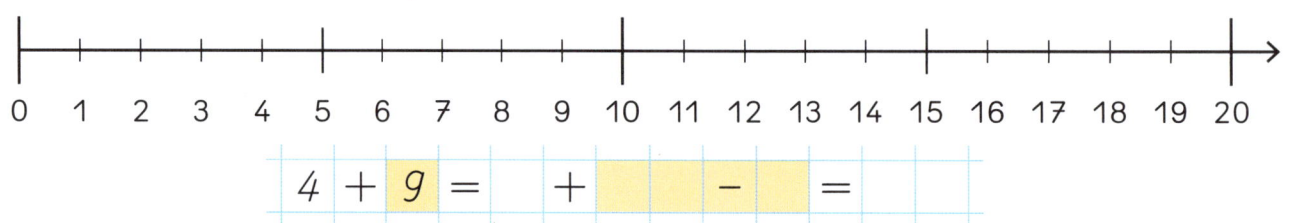

$$4 + \boxed{9} = + \boxed{} - \boxed{} =$$

2

$$8 + \boxed{9} = 8 + \boxed{1\ 0} - \boxed{} =$$

$$ + \boxed{} = + \boxed{} - \boxed{} =$$

3

$$7 + \boxed{9} = + \boxed{} - \boxed{} =$$

$$5 + \boxed{9} = + \boxed{} - \boxed{} =$$

4

$$9 + \boxed{9} = + \boxed{} - \boxed{} =$$

$$6 + \boxed{9} = + \boxed{} - \boxed{} =$$

► Seite 45

Tauschaufgaben

1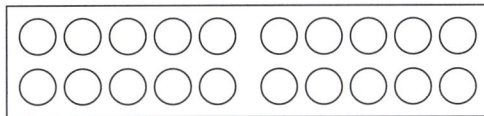

3 + 9 =
9 + ＿ =

1 3 + 　 5 =
　 + 　 =

2
8 + 4 =
4 + 8 =

5 + 8 =
8 + ＿ =

7 + 4 =
＿ + ＿ =

9 + 8 =
＿ + ＿ =

7 + 9 =
＿ + ＿ =

★ 　 ＿ + ＿ =
　 ＿ + ＿ =

3
2 + 1 4 =
1 4 + 　 2 =

1 2 + 　 5 =
　 5 + 　 =

1 5 + 　 5 =
　 ＿ + ＿ =

4 + 1 1 =
＿ + ＿ =

4
3 + 8 =
2 + 9 =
6 + 9 =

4 + 8 =
5 + 7 =
5 + 9 =

6 + 8 =
4 + 9 =
1 + 9 =

5
3 + 1 5 =
3 + 1 6 =
2 + 1 8 =
7 + 1 1 =
2 + 1 3 =

2 + 1 7 =
1 + 1 9 =
0 + 2 0 =
4 + 1 3 =
5 + 1 1 =

▶ Seite 45

Zehnerübergang auf verschiedenen Wegen

Erst + bis 10, dann noch + …

1   9 + 3 =

4 + 7 =

5 + 8 =

3 + 8 =

Zehnertrick

2   9 + 9 =   +   –   =

6 + 9 =   +   –   =

Verdoppeln + 1 oder – 1

3   7 + 8 =   +   =

7 + 6 =   +   =

8 + 9 =   +   =

1 weg, 1 dazu

4   6 + 8 =   +   =   7 + 5 =   +   =

Suche dir einen Rechenweg aus.

5

8 + 4 =	8 + 3 =	3 + 9 =
9 + 3 =	9 + 2 =	4 + 9 =
7 + 4 =	6 + 5 =	9 + 9 =

6

6 + 6 =	8 + 8 =	6 + 8 =
6 + 7 =	8 + 9 =	9 + 7 =
6 + 5 =	8 + 7 =	5 + 8 =

▶ Seiten 43–45

Verschiedene Rechenwege üben

1

8 + 8 =	
8 + 4 =	
6 + 5 =	
9 + 2 =	
7 + 5 =	

4 + 8 =	
3 + 9 =	
7 + 8 =	
8 + 6 =	
9 + 4 =	

7 + 6 =	
7 + 7 =	
8 + 7 =	
9 + 7 =	
8 + 3 =	

2

6 + 8 =	
5 + 9 =	
9 + 0 =	

3 + 8 =	
8 + 9 =	
8 + 1 =	

7 + 0 =	
8 + 2 =	
8 + 7 =	

3

9 + 2 =	
9 + 3 =	
9 + 4 =	

6 + 4 =	
6 + 5 =	
6 + =	

8 + =	
8 + 6 =	
8 + =	

4

7 + 7 =	
8 + 7 =	
9 + 7 =	

6 + 5 =	
7 + 5 =	
+ 5 =	

+ 8 =	
7 + 8 =	
+ 8 =	

5

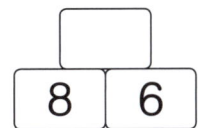

```
   ┌──┐              ┌──┐             ┌──┐           ┌──┐
┌──┴┬─┴─┐        ┌──┴┬─┴─┐       ┌──┴┬──┴┐       │ 11 │
│ 9 │ 5 │        │ 8 │ 6 │       │ 11 │ 0 │     ┌─┴──┬┴──┐
└───┴───┘        └───┴───┘       └────┴───┘     │ 4  │   │
                                                 └────┴───┘
```

6 Rauf und runter

★

9 + 4 =	
8 + 5 =	
7 + 6 =	
+ =	
+ =	

5 + 7 =	
6 + 6 =	
7 + 5 =	
+ =	
+ =	

7 + 10 =	
8 + 9 =	
9 + 8 =	
+ =	
+ =	

▶ 📖 Seite 46

Rechnen mit 10

1

$10 - 5 =$
$10 - 7 =$
$10 - 1 =$
$10 - 3 =$

$10 - 6 =$
$10 - 8 =$
$10 - 2 =$
$10 - 9 =$

$10 - 4 =$
$10 - 10 =$
$10 - 0 =$
$20 - 10 =$

2

10 4 6		8 10 2	
$10 - 4 =$	$6 + 4 =$	$2 + 8 =$	$-=$
$10 -=$	$4 +=$	$+=$	$-=$

3

$18 - 8 =$
$13 - 3 =$
$11 - 1 =$
$12 - 2 =$

$15 - 5 =$
$10 - 0 =$
$19 - 9 =$
$14 - 4 =$

$16 - 10 =$
$14 - 10 =$
$10 - 10 =$
$17 - 10 =$

4

−	12	16	14	13	17	19	11	20	18	10	15
10	2										

5

$10 = 15 - 5$
$10 = 17 -$
$10 = 13 -$
$10 = - 2$
$10 = - 9$

$7 = 17 -$
$1 = - 10$
$8 = -$
$3 = -$
$0 = -$

6 ★

$13 - 3 - 4 =$
$15 - 5 - 2 =$
$18 - 8 - 1 =$

$12 - 2 - = 6$
$19 - 9 - = 9$
$11 - 1 - = 5$

▶ 📖 Seite 47

Subtrahieren mit Zehnerübergang

Erst – bis 10, dann noch – ...

1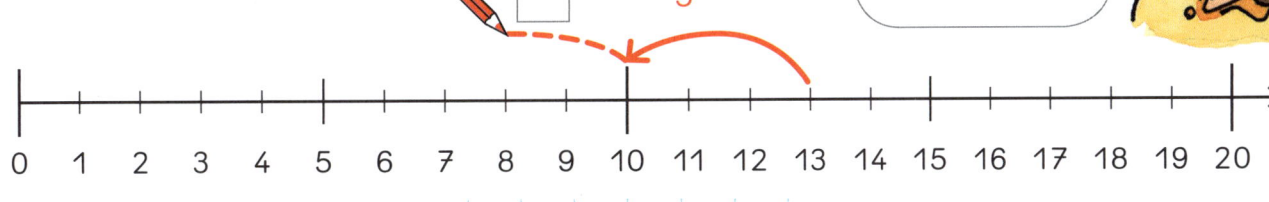

$$1\ 3\ -\ 7\ =$$
$$3$$

2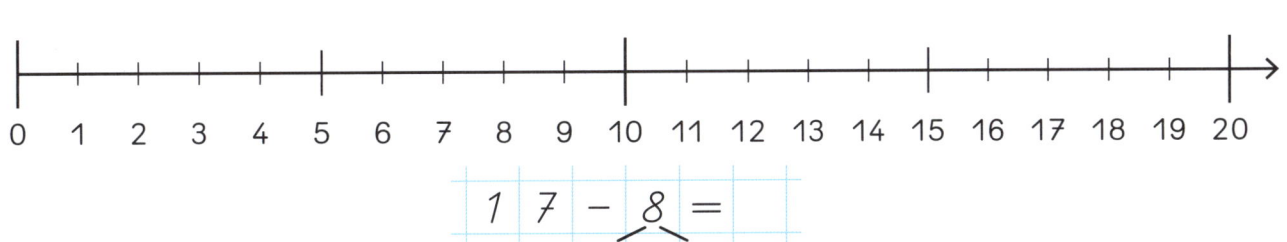

$$1\ 7\ -\ 8\ =$$

3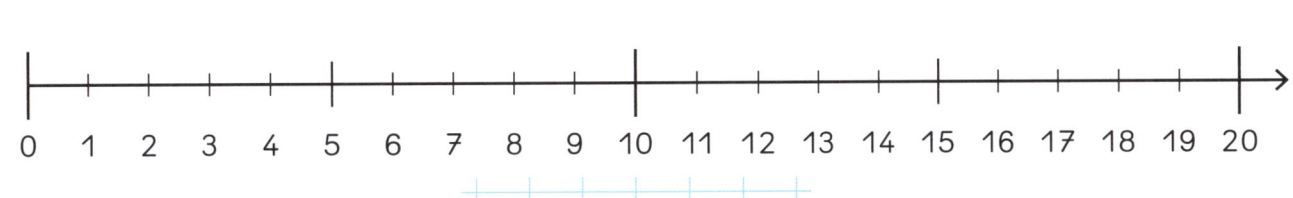

$$1\ 5\ -\ 6\ =$$

4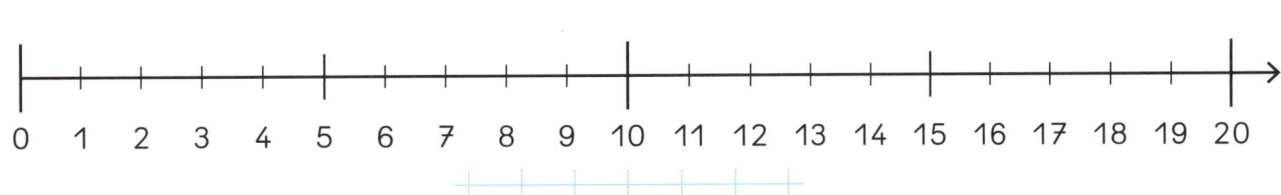

$$1\ 4\ -\ 8\ =$$

5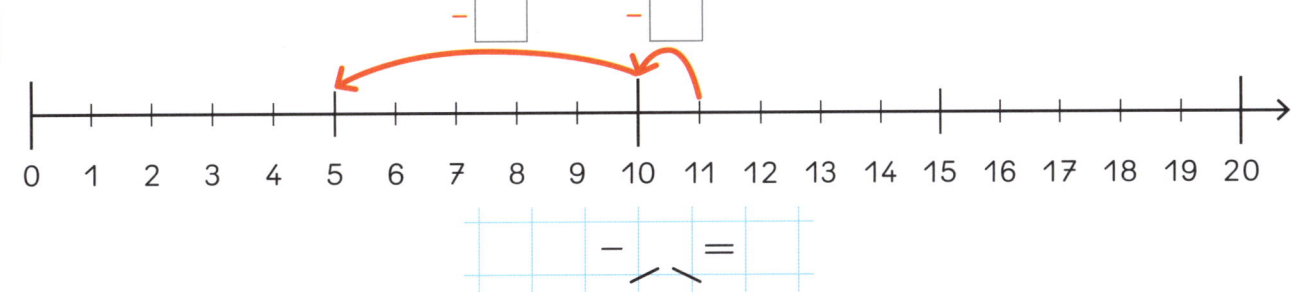

$$-\ \ =$$

▶ 📖 Seite 48

1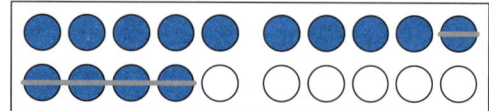

$$1\,4 - 5 =$$
$$4$$

Erst – bis 10, dann noch – …

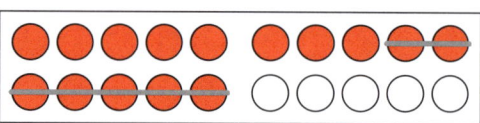

$$- \; =$$

2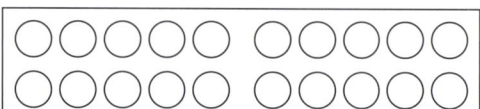

$$1\,2 - 5 =$$

$$1\,1 - 4 =$$

3

$$1\,6 - 7 =$$

$$1\,2 - 8 =$$

4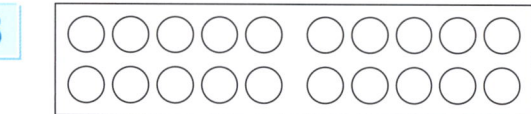

$$1\,4 - 7 =$$

$$1\,5 - 8 =$$

5

$$1\,6 - 8 =$$

$$1\,7 - 9 =$$

6

$$1\,2 - 4 =$$

$$1\,1 - 5 =$$

7

$$1\,3 - 4 =$$

$$1\,8 - 9 =$$

▶ Seite 48

Subtrahieren mit Zehnertrick

1

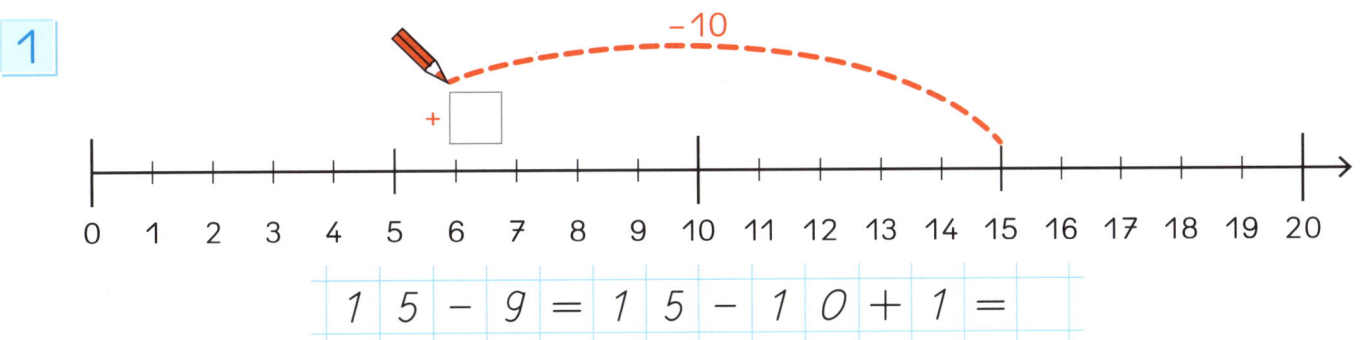

$$1\ 5 - 9 = 1\ 5 - 1\ 0 + 1 =$$

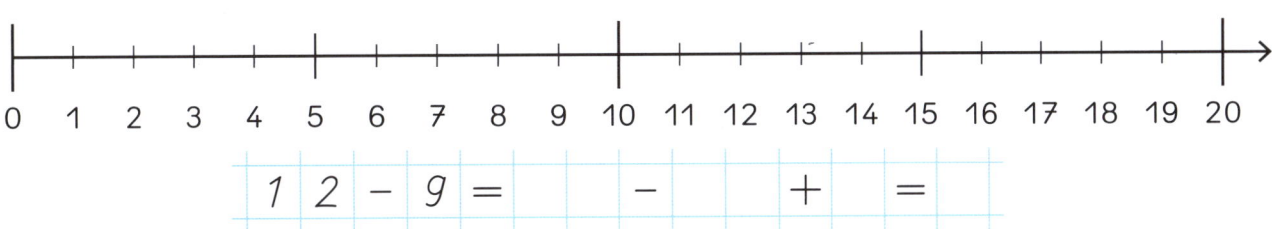

$$1\ 2 - 9 = \boxed{} - \boxed{} + \boxed{} =$$

2

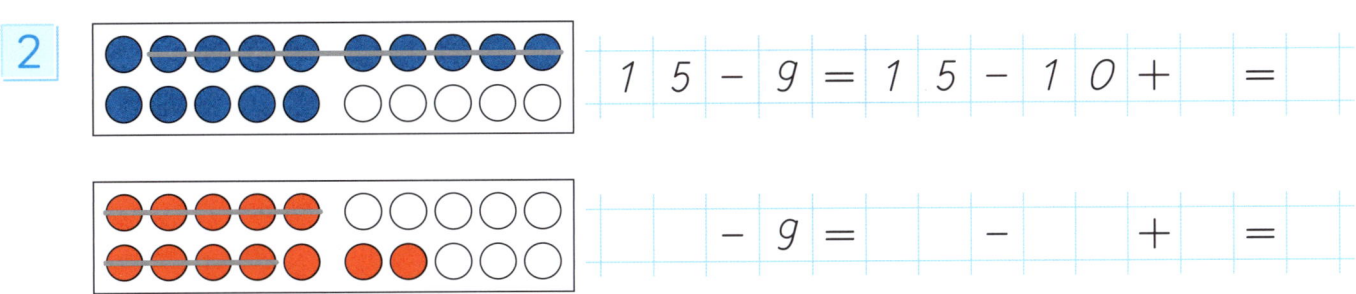

$$1\ 5 - 9 = 1\ 5 - 1\ 0 + \boxed{} =$$

$$\boxed{} - 9 = \boxed{} - \boxed{} + \boxed{} =$$

3

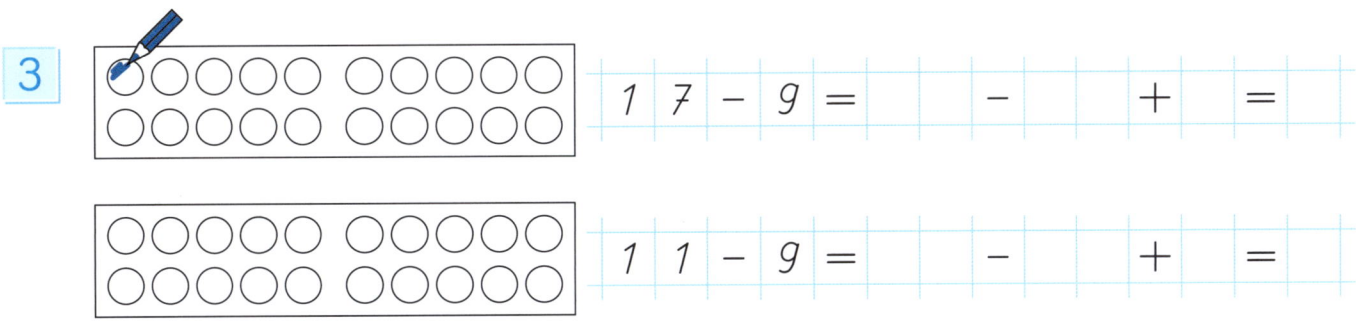

$$1\ 7 - 9 = \boxed{} - \boxed{} + \boxed{} =$$

$$1\ 1 - 9 = \boxed{} - \boxed{} + \boxed{} =$$

4

$$1\ 4 - 9 = \boxed{} - \boxed{} + \boxed{} =$$

$$1\ 6 - 9 = \boxed{} - \boxed{} + \boxed{} =$$

▶ 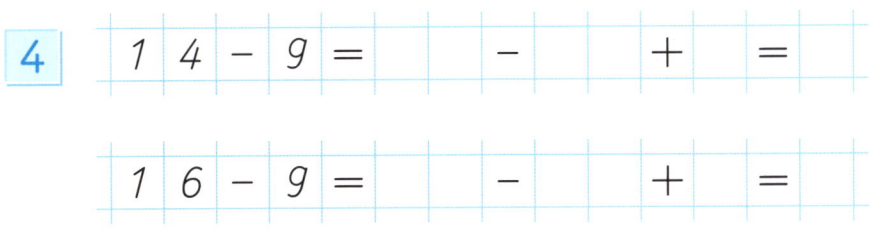 Seite 49

Zehnerübergang auf verschiedenen Wegen

1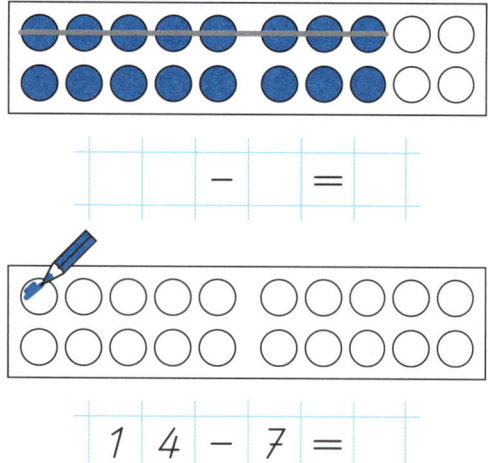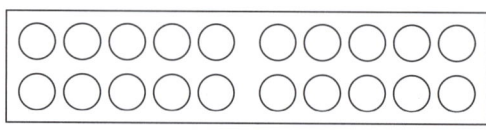

Halbiere.

⎕ – ⎕ = ⎕   ⎕ – ⎕ = ⎕

1 4 – 7 = ⎕   1 8 – 9 = ⎕

2   1 2 – 5 = ⎕

Erst – bis 10, dann noch – …

1 4 – 5 = ⎕

1 5 – 8 = ⎕

1 3 – 8 = ⎕

3   1 5 – 9 = 1 5 – 1 0 + ⎕ = ⎕

Zehnertrick

1 2 – 9 = ⎕ – ⎕ + ⎕ = ⎕

1 6 – 9 = ⎕ – ⎕ + ⎕ = ⎕

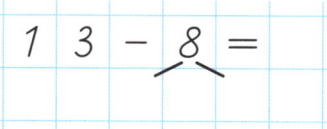 

4 Suche dir einen Rechenweg aus.

1 2 – 3 =	1 1 – 9 =	1 6 – 8 =
1 5 – 6 =	1 7 – 9 =	1 2 – 6 =
1 1 – 4 =	1 5 – 9 =	1 8 – 9 =

▶ Seiten 48/49

Verschiedene Rechenwege üben

1
$14 - 6 =$
$12 - 3 =$
$11 - 2 =$
$12 - 8 =$
$15 - 9 =$

$13 - 7 =$
$18 - 9 =$
$16 - 8 =$
$17 - 9 =$
$11 - 5 =$

$14 - 7 =$
$16 - 9 =$
$11 - 6 =$
$11 - 3 =$
$15 - 7 =$

2
$17 - 8 =$
$17 - 6 =$
$17 - 7 =$

$15 - 8 =$
$14 - 5 =$
$14 - 0 =$

$13 - 6 =$
$19 - 2 =$
$11 - 0 =$

3
$14 - 8 =$
$14 - 7 =$
$14 - 6 =$

$16 - 8 =$
$16 - 7 =$
$16 - =$

$ - 7 =$
$13 - 8 =$
$ - 9 =$

4
$12 - 6 =$
$13 - 6 =$
$14 - 6 =$

$11 - 4 =$
$12 - 4 =$
$ - 4 =$

$ - 8 =$
$12 - 8 =$
$ - 8 =$

5

11
	3

14
8	

12
5	

13
0	

6 ★
$14 - 5 =$
$15 - 6 =$
$16 - 7 =$
$ - =$
$ - =$

$11 - 5 =$
$12 - 6 =$
$13 - 7 =$
$ - =$
$ - =$

$10 - 6 =$
$11 - 7 =$
$12 - 8 =$
$ - =$
$ - =$

▶ 📖 Seite 50

Umkehraufgaben

1

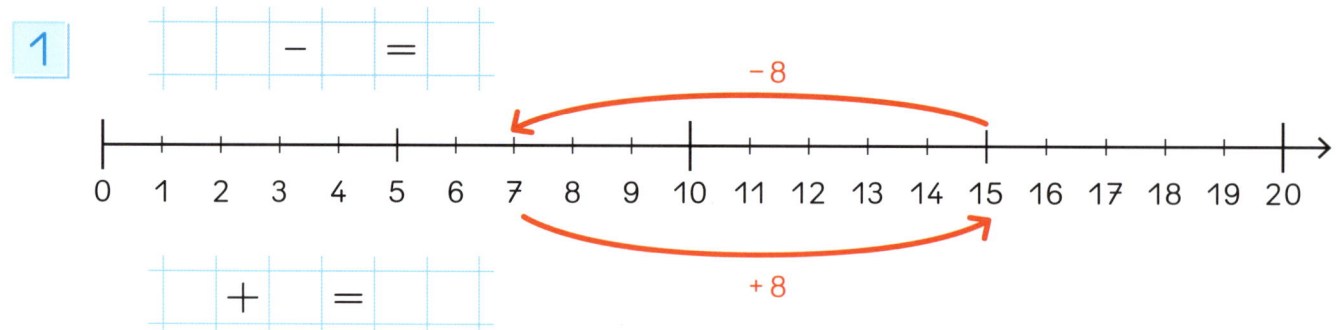

| | − | | = | |

$+$ $=$

2 $9 + 5 =$

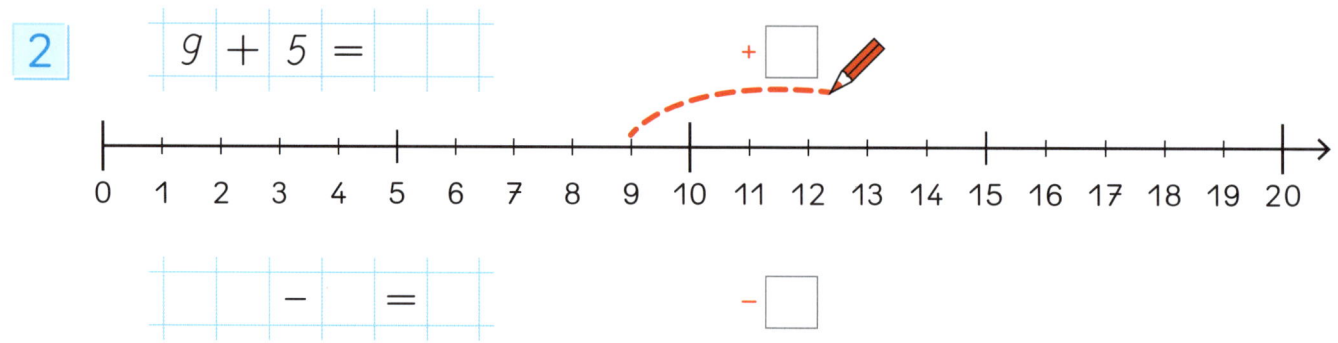

$+ \square$

| | − | | = | |

$- \square$

3

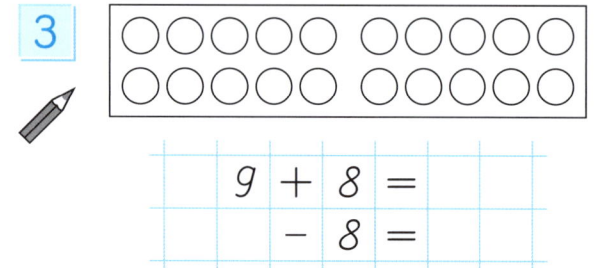 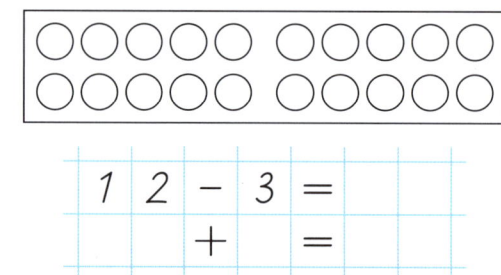

$9 + 8 =$
$ - 8 =$

$12 - 3 =$
$ + =$

4

$6 + 9 = 15$
$15 - 9 =$

$7 + 6 =$
$ - 6 =$

$5 + 7 =$
$ - =$

5

$16 - 8 =$
$ + =$

$11 - 6 =$
$ + 6 =$

$18 - 9 =$
$ + =$

6

$8 + 7 =$
$ - =$

$+ =$
$- =$

$+ =$
$- =$

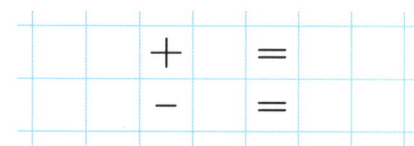 Seite 51

Addieren und Subtrahieren mit Zehnerübergang

1

6 + 7 =				1 3 − 4 =				4 + 8 =	
9 + 6 =				1 4 − 6 =				1 4 − 7 =	
4 + 7 =				1 1 − 8 =				9 + 8 =	
7 + 9 =				1 3 − 8 =				1 1 − 7 =	

Male die Dreiecke mit den Ergebnissen aus 1 an.

Male die Vierecke mit den Ergebnissen aus 2 an.

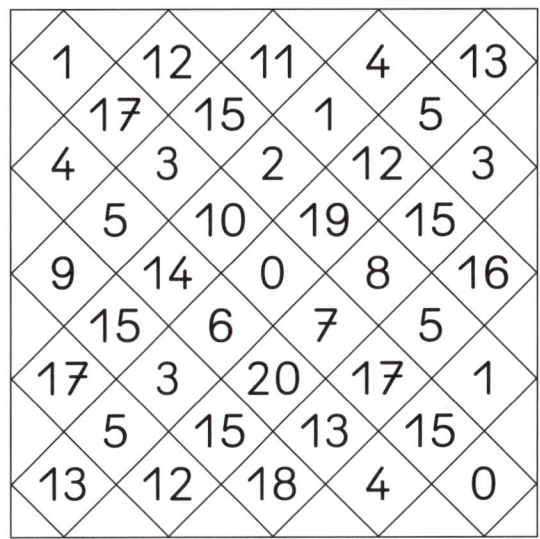

2

8 + 3 =			1 5 + 5 =			1 6 − 9 =	
5 + 4 =			1 9 − 9 =			1 3 + 6 =	
1 2 − 6 =			1 6 − 8 =			1 6 − 0 =	
9 − 7 =			5 + 9 =			1 0 + 8 =	

3

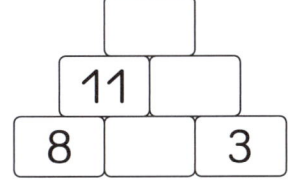

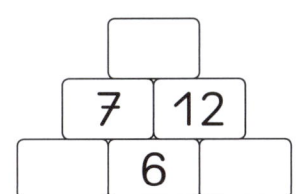

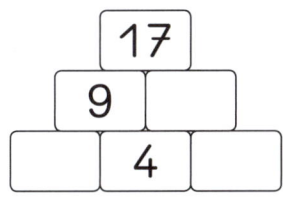

▶ 📖 Seiten 42–51

1

+	4	5
5	9	
6		

+	6	7
7		
8		

+	8	9
9		
1 0		

2

−	20	19
1 0	1 0	
9		

−	18	17
9		
8		

−	16	15
8		
7		

3

+	3	5	7	9
2				
5				
8				
1 1				

−	11	12	13	14
3				
5				
7				
9				

4

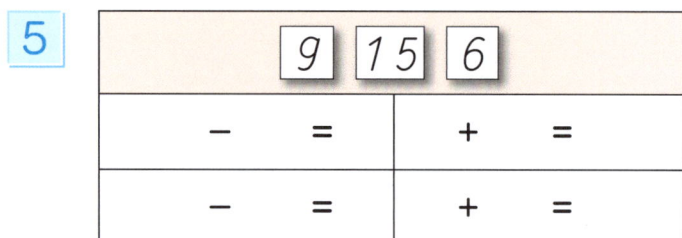

5

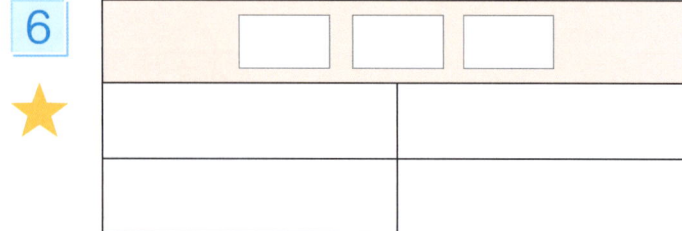

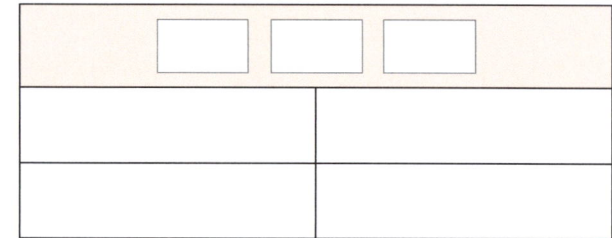

6 ★

76

▶ Seiten 42–51

1

8 + 4 =		3 + 0 =
9 + 5 =		4 + 3 =
10 + 9 =		5 + 6 =
11 + 7 =		6 + 9 =
12 + 8 =		8 + 8 =

2

| 14 − 1 = |
| 13 − 3 = |
| 12 − 4 = |
| 11 − 7 = |
| 10 − 9 = |

✏️ Male die Kreise an:
Ergebnisse aus **1** blau,
aus **2** grün.

Male die Kreise an:
Ergebnisse aus **3** rot,
aus **4** gelb.

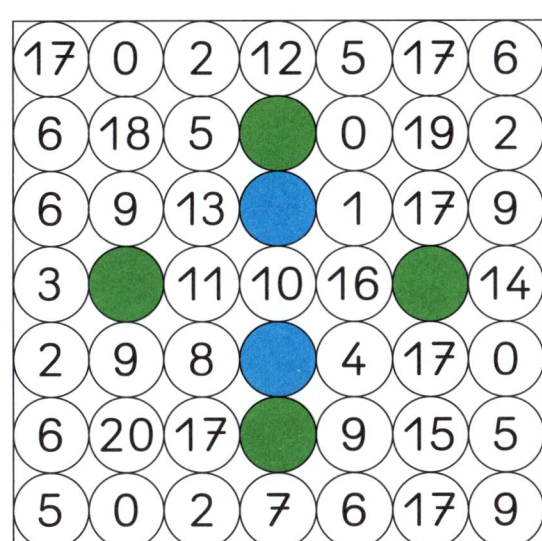

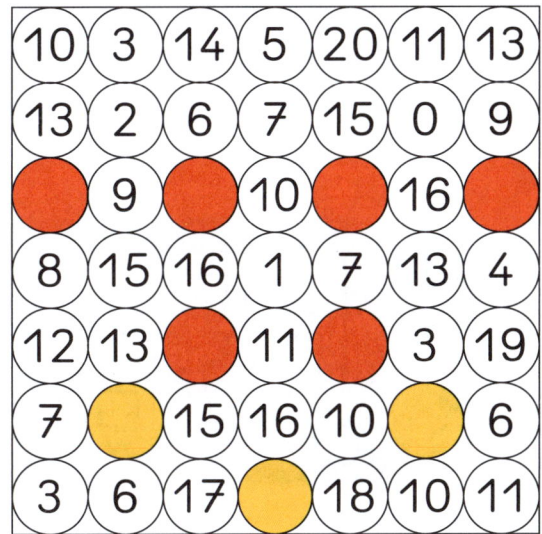

3

| 5 + 6 + 3 = |
| 6 + 7 + 4 = |
| 8 + 6 + 5 = |
| 6 + 6 + 6 = |
| 3 + 9 + 0 = |
| 9 + 8 + 3 = |

4

| 19 − 9 − 8 = |
| 20 − 5 − 7 = |
| 18 − 9 − 9 = |
| 17 − 9 − 4 = |
| 13 − 6 − 6 = |
| 15 − 5 − 5 = |

5

9 + = 11	13 − = 8	12 − = 8
7 + = 13	18 − = 9	12 − = 7
5 + = 12	12 − = 7	12 − = 6
6 + = 15	16 − = 8	12 − = 5
4 + = 11	11 − = 2	12 − = 4

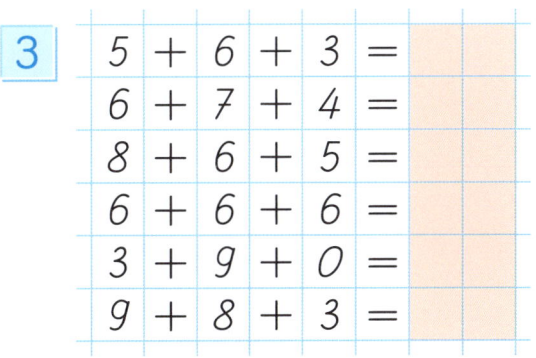

▶ 📖 Seiten 42–51

Rechengeschichten

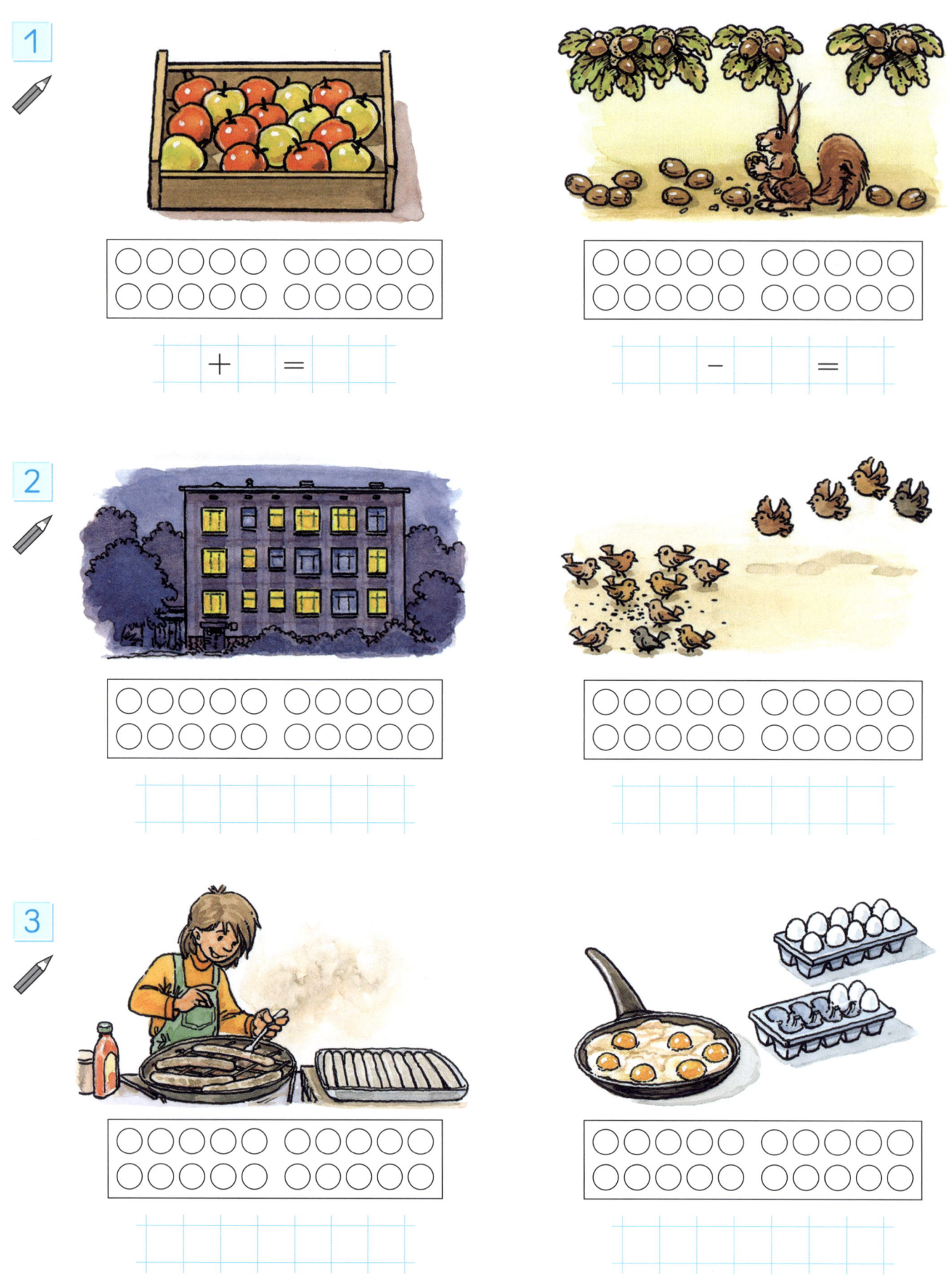

▶ Seite 52

Erzähle. Finde Umkehraufgaben.

1

$\_\_\_ - \_\_\_ = \_\_\_$

$\_\_\_ + \_\_\_ = \_\_\_$

2

$\_\_\_ - \_\_\_ = \_\_\_$

3

▶ Seite 52

Sachaufgaben

1

◯ + ◯ = ◯

◯ − ◯ = ◯

◯ ◯ ◯ ◯

◯ ◯ ◯ ◯

2 Mia hat 8 🔴 ▱ und 9 🔵 ▱.

◯ + ◯ = ◯ Mia hat ◯◯ ▱.

3 Toni hat 6 🟢 ▱ und 11 🟡 ▱.

◯ ◯ ◯ ◯ Toni hat ◯◯ ▱.

4 Ali hat 18 ▱. 7 ▱ sind 🔵.

◯ − ◯ = ◯ ◯◯ ▱ sind 🔴.

5 Lena hat 20 ▱. 12 ▱ sind 🟡 oder 🟢.

◯ ◯ ◯ ◯ ◯◯ ▱ sind 🟣.

6 Uli hat 16 ▱. ◯◯ ▱ sind ⬜.

⭐ ◯ ◯ ◯ ◯ ◯◯ ▱ sind ⬜.

▶ 📕 Seite 53

1

 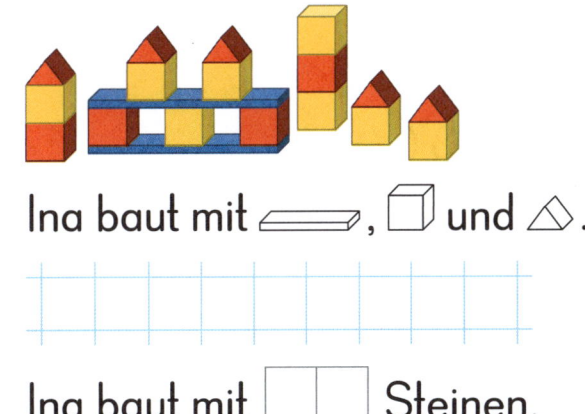

Tim baut mit 🔴, 🟡 und 🔵 ▱.   Ina baut mit ▱, ▱ und △.

Tim baut mit [ ][ ] ▱.   Ina baut mit [ ][ ] Steinen.

2   Anna legt Muster mit 4 🔴▱, 8 🔵▱ und 8 🟡▱.

Anna legt Muster mit [ ][ ] ▱.

Male zwei Muster.

3   Male aus und finde Aufgaben.

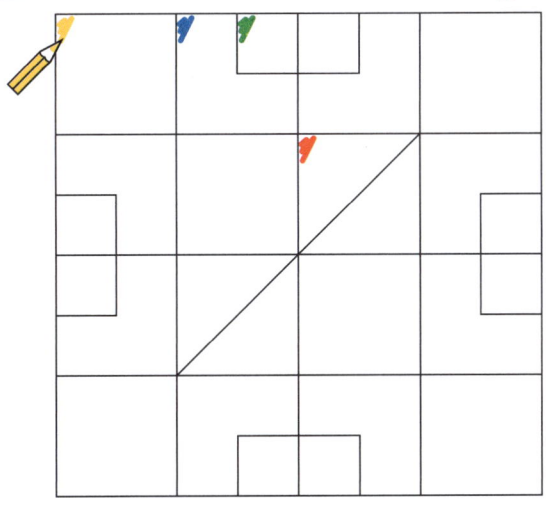

🟨 und 🔵

🟩 und 🔺

🟨 und

▸ 📖 Seite 53

Cent

1 Immer 10 Cent

2 Immer 15 Cent

3 Immer 20 Cent

4

c t   c t   c t   c t   c t

c t   c t   c t   c t   c t   c t

c t   c t   c t   c t   c t   c t   c t

▶ Seiten 54/55

Rechne aus. Bezahle passend.

1

8 c t $+$ 3 c t $=$ c t

(5) (5) (1)   **oder**   (10)

2

  c t $+$ c t $=$ c t

(10) ( ) ( )   **oder**   (5) ( ) ( ) ( )

3

  c t $+$ c t $=$ c t

(10) ( ) ( )   **oder**

4

  c t $+$ c t $+$ c t $=$ c t

(5) ( )   **oder**

5 ⭐

  c t $+$

  oder

▶ Seiten 54/55

Euro

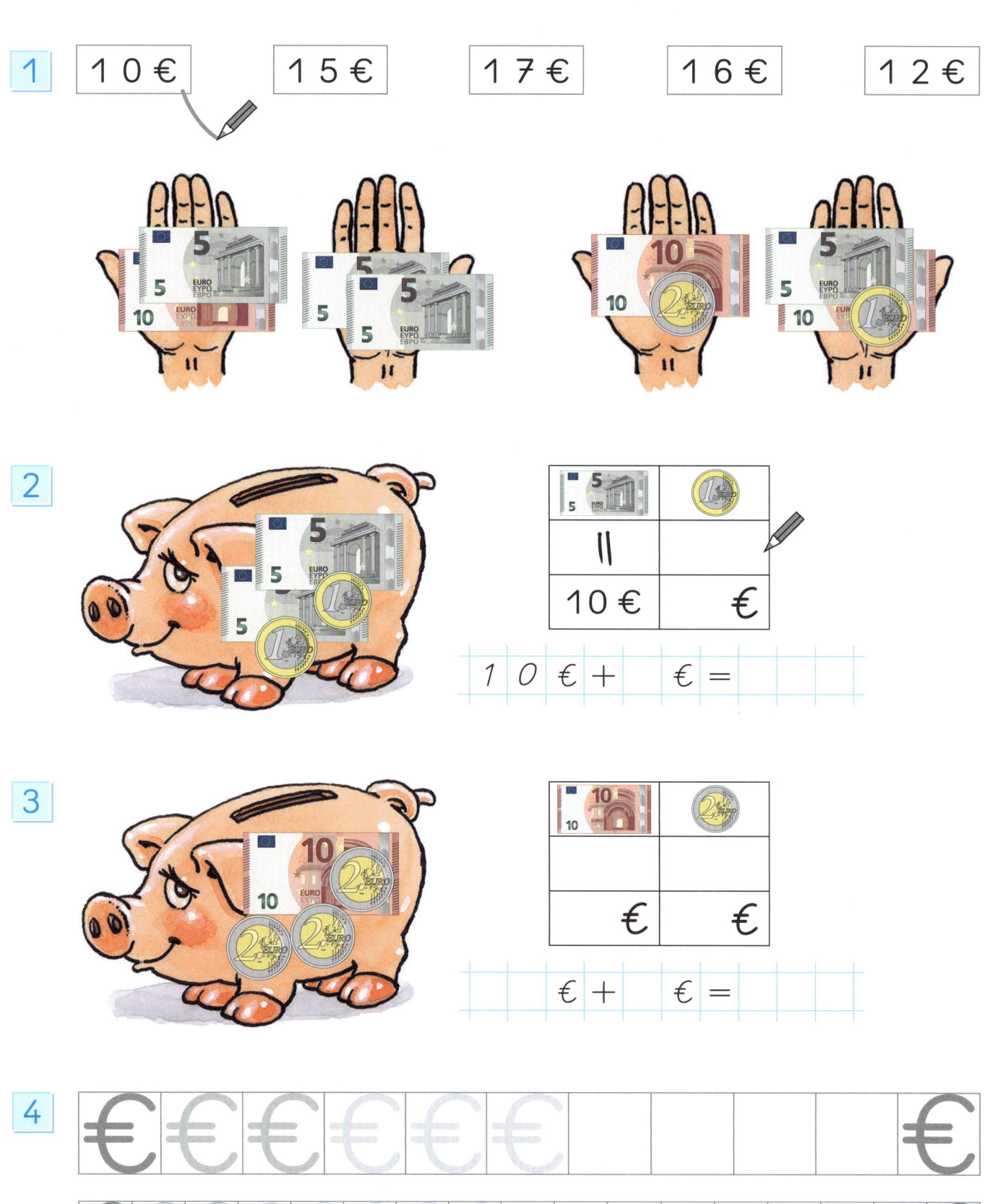

1

| 1 0 € | 1 5 € | 1 7 € | 1 6 € | 1 2 € |

2

5 €	1 €
‖	
10 €	€

_1_ _0_ € + € =

3

10 €	2 €
€	€

 € + € =

4

€ € € € € €   €

€ € € € € € €   €

€ € € €   €

1

$6 \, € + 1 \, 0 \, € = \qquad €$ $1 \, 2 \, € + \qquad € = \qquad €$

2

$1 \, 7 \, € - 1 \, 0 \, € = \qquad €$ $\qquad € - \qquad € = \qquad €$

3

$\qquad - \qquad =$ $\qquad - \qquad =$

► Seite 56

Rechnen mit Geld

1 Schreibe die Preise auf.
Ordne.

| ___ € | ___ | ___ | ___ | ___ |
| □ | 1. | □ | □ | □ |

2 Ole kauft 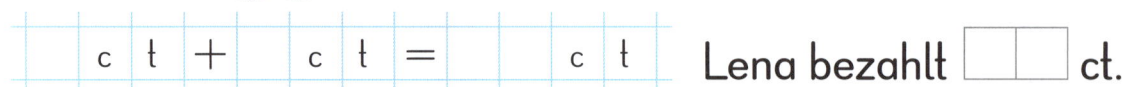 und 🍰 .

___ € + ___ € = ___ €   Ole bezahlt ☐☐ €.

3 Lena kauft 🥨 und 🥐 .

___ c t + ___ c t = ___ c t   Lena bezahlt ☐☐ ct.

4 ⭐ Murat kauft ☐ und ☐ .

_____   Murat bezahlt ☐☐☐☐ .

1 Pepe hat 20 €. Er kauft  .

2 0 € − ⬚ € = ⬚ €   Nun hat Pepe ⬚⬚ €.

2 Timo hat  .

⬚ c t + ⬚ c t = ⬚ c t   Timo hat ⬚⬚ ct.

Timo kauft  .

⬚ c t − ⬚ c t = ⬚ c t   Nun hat Timo ⬚ ct.

3 Arne hat  .

⭐ ⬚ c t + ⬚ c t = ⬚ c t   Arne hat ⬚⬚ ct.

Arne kauft  und  .

⬚ c t − ⬚ c t − ⬚ c t = ⬚ c t

Nun hat Arne ⬚⬚ ct.

4 Nina hat   . Sie kauft  .

Nun hat Nina ⬚⬚⬚ .

5 Ordne zu: 15 ct, 7 €, 6 €, 3 € und 20 ct.

Formen

1 Welche Formen wurden hier gelegt?

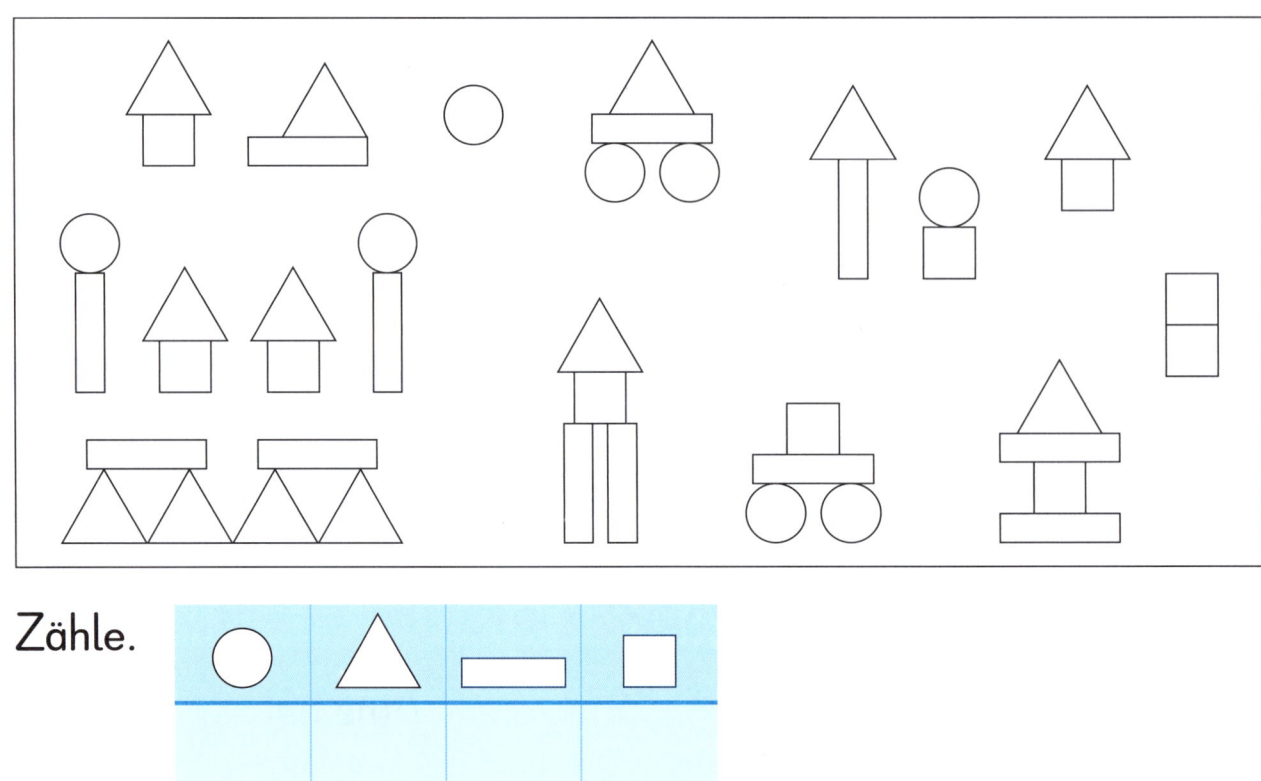

Zähle.

2 Lege mit Streichhölzern nach.

Verkleinere die Formen durch Dazulegen von Streichhölzern.
Mache aus dem Quadrat 4 kleine Quadrate.
Mache aus dem Dreieck 4 kleine Dreiecke.
Mache aus dem Rechteck 3 kleine Rechtecke.

3 Wie viele Streichhölzer brauchst du mindestens,
um ein Quadrat, ein Dreieck oder ein Rechteck zu legen?

4 Lege andere Formen.

▶ Seiten 58/59

1 Welche Formen erkennst du in den Quadraten?
Male gleiche Formen in der gleichen Farbe aus.
Zähle die Formen.

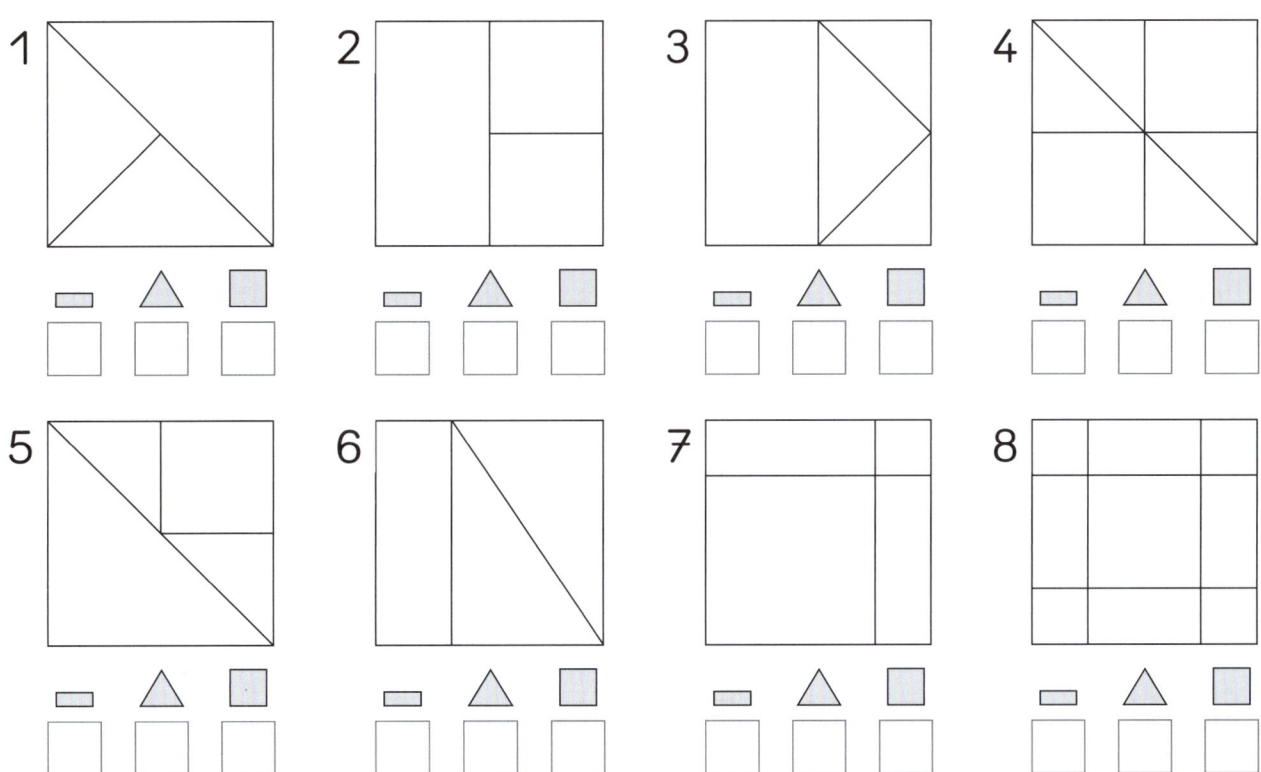

2 Spanne erst, dann zeichne. Wie viele solcher Formen kannst du
zeichnen? Male die Flächen aus.

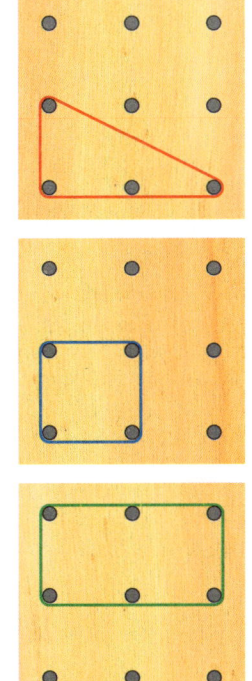 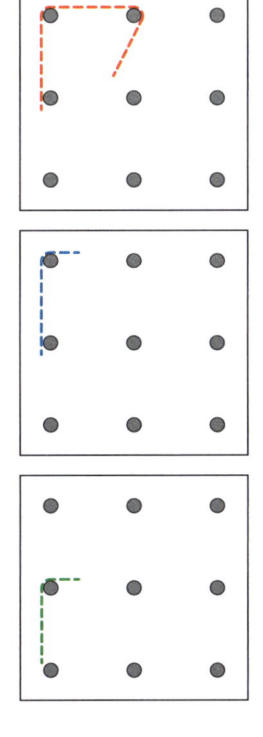 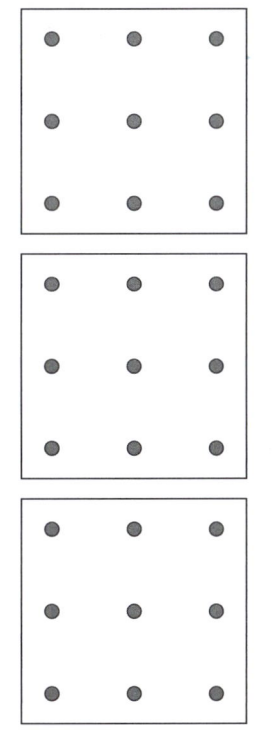 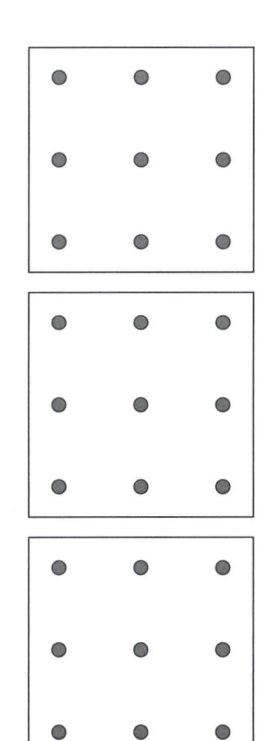

▶ Seiten 58–60

Formen und Muster

1 Drucke mit einem Korken eine Raupe.

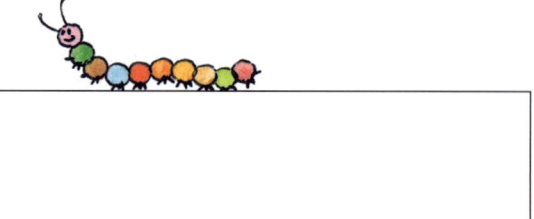

2 Zeichne die Reihe weiter.

3 Male das Muster mit drei Farben aus.

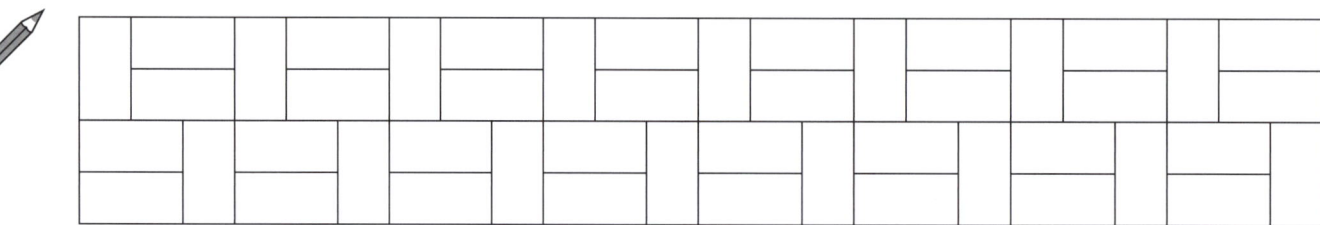

4 Male das Muster abwechselnd mit zwei Farben aus.

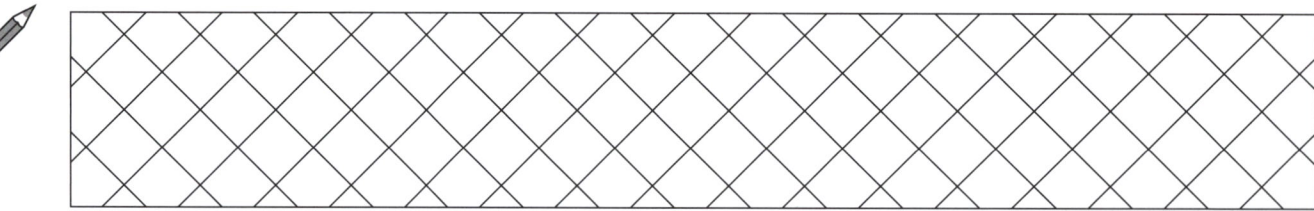

5 Setze das Muster fort.

▶ Seiten 60–61

1 Male immer vier zusammenhängende Felder in einer Farbe an.

2 Spiegle und zeichne fertig.

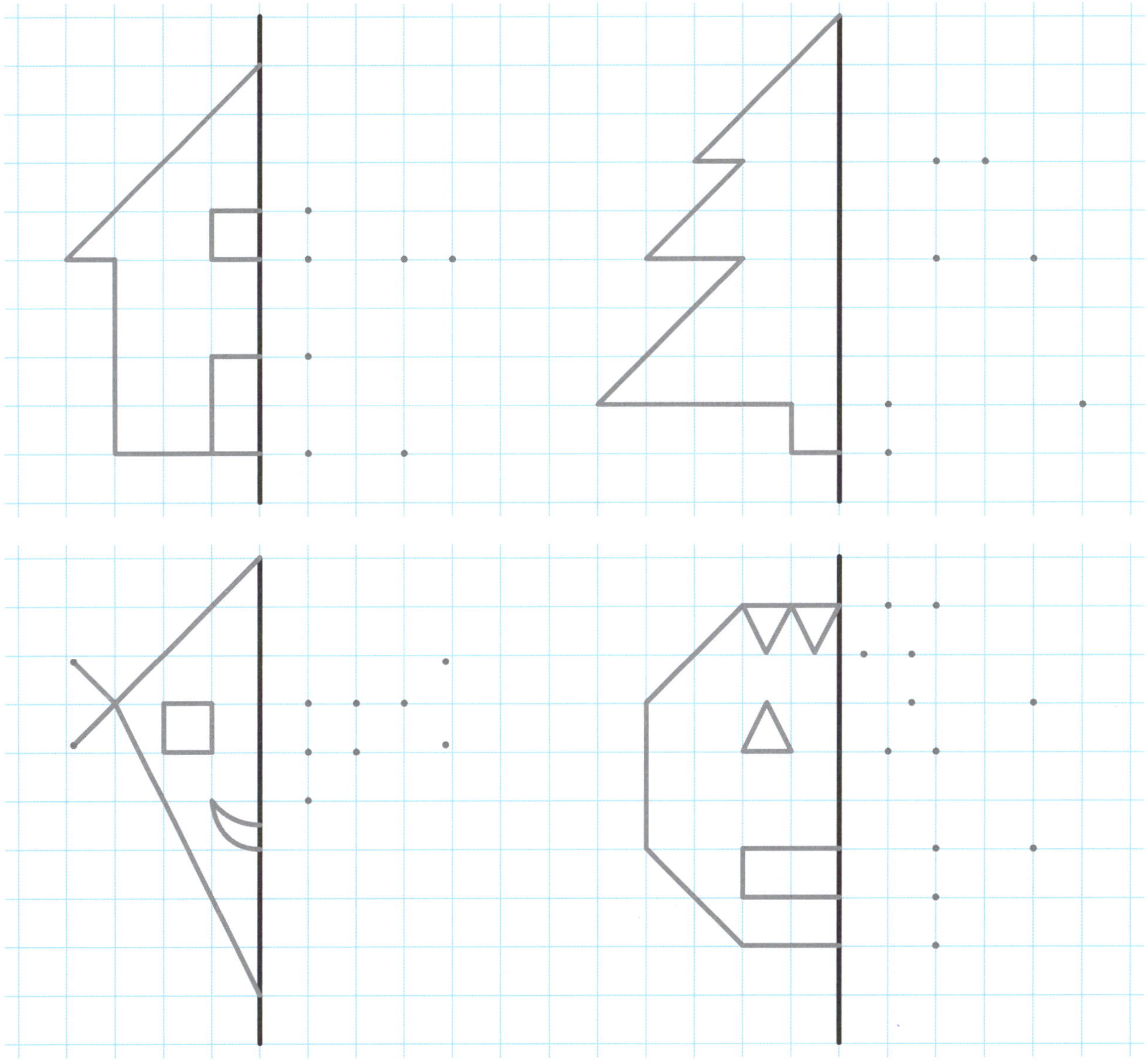

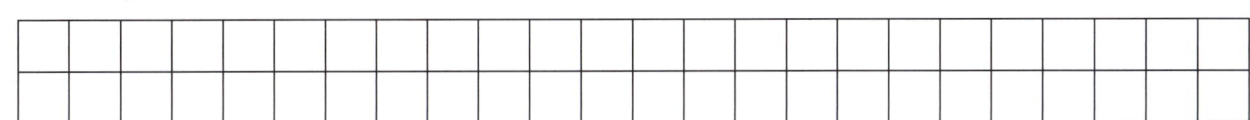

3 Male jedes zweite Kästchen aus.

▶ Seiten 60/61

Falten und schneiden

Der Kreis mag nicht mehr rund sein.
Hilf ihm, sich zu verändern.

1 Falte.

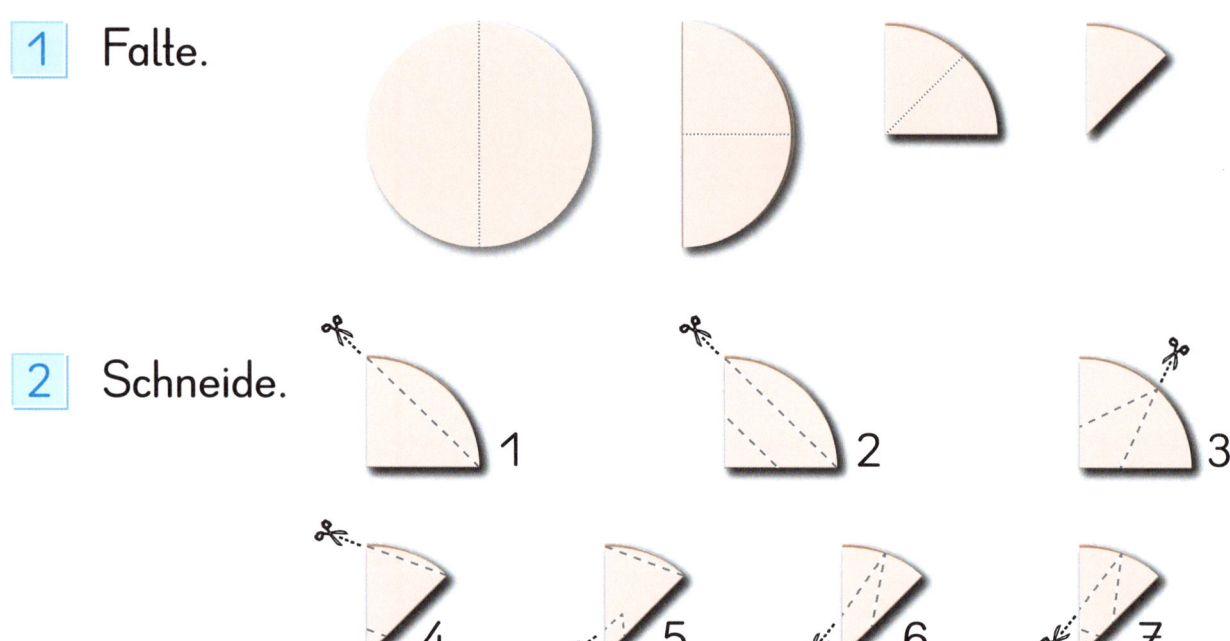

2 Schneide.

Was entsteht?

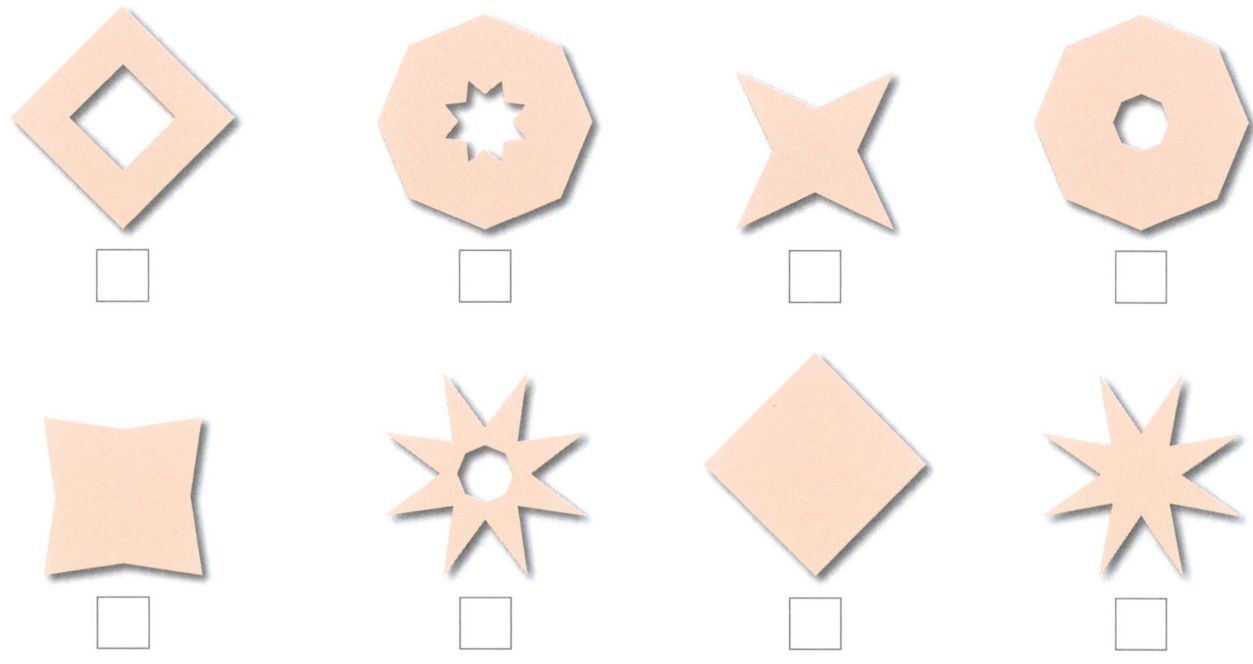

▶ Seite 61

Das Quadrat mag keine Ecken und Kanten.
Hilf ihm, sich zu verändern.

1 Falte.

2 Schneide.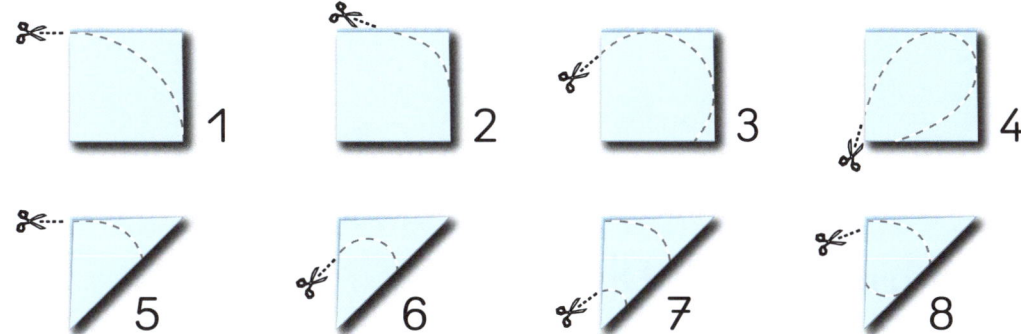

Was entsteht?

▶ 📖 Seite 61

Zeit

1 Trage die Zahlen und die Zeiger ein.

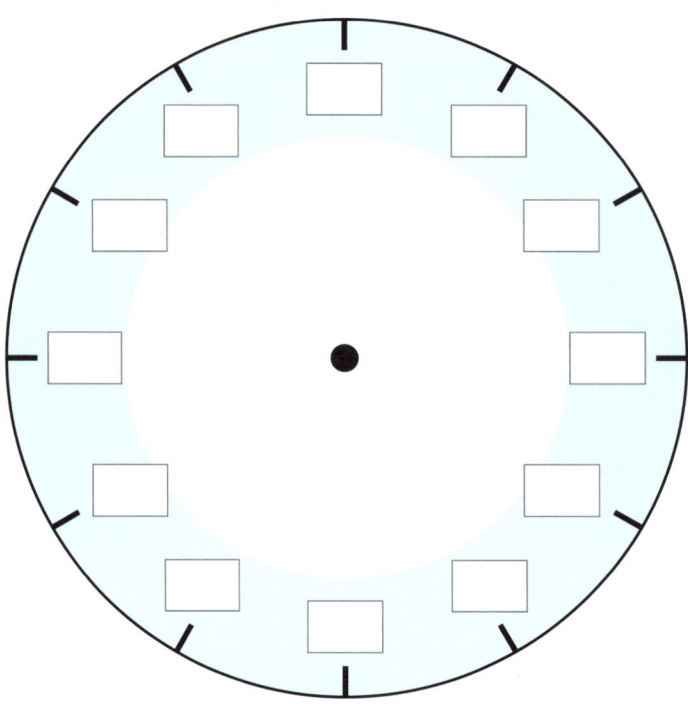

2 Verbinde gleiche Uhrzeiten.

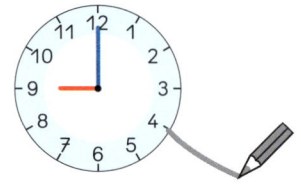

11:00

9:00

3:00

7:00

12:00

19:00

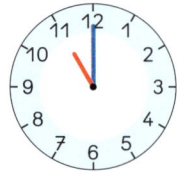

13:00

5:00

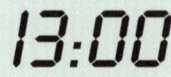

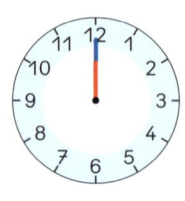

1 Schreibe die Uhrzeit auf.

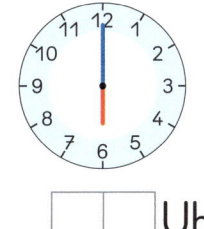   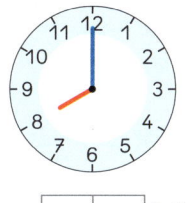

☐☐ Uhr   ☐☐ Uhr   ☐☐ Uhr   ☐☐ Uhr

 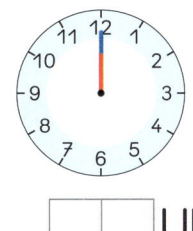 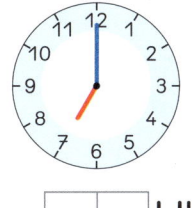 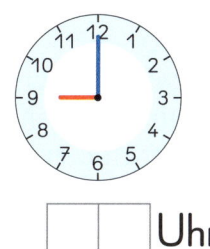

☐☐ Uhr   ☐☐ Uhr   ☐☐ Uhr   ☐☐ Uhr

2 Zeichne die Zeiger ein.

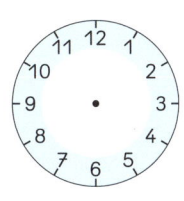

5 Uhr   11 Uhr   1 Uhr   7 Uhr

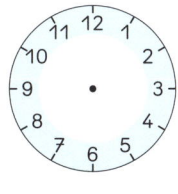   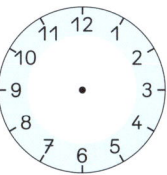   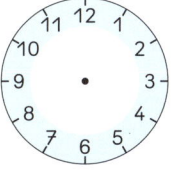

3 Uhr   9 Uhr   2 Uhr   12 Uhr

3 Wähle selbst Uhrzeiten aus.

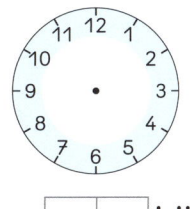   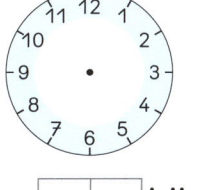

☐☐ Uhr   ☐☐ Uhr   ☐☐ Uhr   ☐☐ Uhr

▶ 📖 Seiten 62/63

Inhaltsverzeichnis

Wiederholung

Zahlen bis 6   1
Addieren bis 6   2
Subtrahieren bis 6   3

Zahlenraum bis 10

Zahl 7   4– 5
Zahl 8   6– 7
Zahlzerlegungen mit 7 und 8   8
Zahl 9   9–10
Zahl 10   11–12
Zahlzerlegungen mit 9 und 10   13
Ordnungszahlen   14
Größer, kleiner, gleich   15–16
Vorgänger und Nachfolger, Nachbarzahlen   17

Eigenschaften von Körpern

Eigenschaften von Körpern   18–19

Addition und Subtraktion im Zahlenraum bis 10

Rechengeschichten bis 10   20–21
Addieren bis 10   22–24
Tauschaufgaben   25
Subtrahieren bis 10   26–28
Addieren und Subtrahieren bis 10   29
Umkehraufgaben   30–31
Gleichungen   32–33
Lösen von Sachaufgaben   34

Lagebeziehungen

Lagebeziehungen   35–36

Zahlenraum von 0 bis 20

Zahlen bis 20   37
Bündelungen   38–39
Zwanzigerfelder   40–41
Mengen und Zahlen vergleichen   42–43
Zahlenfolgen   44
Nachbarzahlen   45
Ordnungszahlen bis 20   46
Verdoppeln   47
Halbieren   48